物种战争

 张昌盛 杨 静 倪永明 李湘涛 徐景先 毕海燕 黄满荣 杨红珍 李 竹 著

之围追堵截

U0353025

北京市科学技术研究院

创新团队计划

IG201306N

项目支撑

中国社会出版社

国家一级出版社★全国百佳图书出版单位

图书在版编目（CIP）数据

物种战争之围追堵截 / 张昌盛等著.
—北京：中国社会出版社，2014.12
（防控外来物种入侵·生态道德教育丛书）
ISBN 978-7-5087-4918-1

Ⅰ.①物… Ⅱ.①张… Ⅲ.①外来种—侵入种—普及读物 ②生态
环境—环境教育—普及读物 Ⅳ.①Q111.2-49 ②X171.1-49

中国版本图书馆CIP数据核字（2014）第292086号

书　　名：物种战争之围追堵截
著　　者：张昌盛 等

出 版 人：浦善新
终 审 人：李　浩　　　　　　　　责任编辑：侯　钰
策划编辑：侯　钰　　　　　　　　责任校对：籍红彬

出版发行：中国社会出版社　　　　邮政编码：100032
通联方法：北京市西城区二龙路甲33号
　　　　　编辑部：（010）58124865
　　　　　邮购部：（010）58124848
　　　　　销售部：（010）58124845
　　　　　传　真：（010）58124856
网　　址：www.shcbs.com.cn
　　　　　shcbs.mca.gov.cn
经　　销：各地新华书店

印刷装订：北京威远印刷有限公司
开　　本：170mm×240mm　1/16
印　　张：13
字　　数：200千字
版　　次：2015年6月第1版
印　　次：2017年4月第2次印刷
定　　价：39.00元

中国社会出版社天猫旗舰店

中国社会出版社微信公众号

顾问

万方浩 中国农业科学院植物保护研究所研究员

刘全儒 北京师范大学教授

李振宇 中国科学院植物研究所研究员

杨君兴 中国科学院昆明动物研究所研究员

张润志 中国科学院动物研究所研究员

致谢

　　防控外来物种入侵的公共生态道德教育系列丛书——《物种战争》得以付梓，我们首先感谢北京市科学技术研究院的各级领导对李湘涛研究员为首席专家的创新团队计划(IG201306N)项目的大力支持。感谢北京自然博物馆的领导和同仁对该项目的执行所提供的帮助和支持。

　　我们还要特别感谢下列全国各地从事防控外来物种入侵方面的科研、技术和管理工作的专家和老师们，是他们的大力支持和热情帮助使我们的科普创作工作能够顺利完成。

中国科学院动物研究所张春光研究员、张洁副研究员

中国科学院植物研究所汪小全研究员、陈晖研究员、吴慧博士研究生

中国科学院生态研究中心曹垒研究员

中国林业科学研究院森林生态环境与保护研究所王小艺研究员、汪来发研究员

中国农业科学院农业环境与可持续发展研究所环境修复研究室主任张国良研究员

中国农业科学院植物保护研究所张桂芬研究员、周忠实研究员、张礼生研究员、
　　王孟卿副研究员、徐进副研究员、刘万学副研究员、王海鸿副研究员

中国农业科学院蔬菜花卉研究所王少丽副研究员

中国农业科学院蜜蜂研究所王强副研究员

中国农业大学农学与生物技术学院高灵旺副教授、刘小侠副教授

国家粮食局科学研究院汪中明助理研究员

中国检验检疫科学研究院食品安全研究所副所长国伟副研究员

中国疾病预防控制中心传染病预防控制所媒介生物控制室主任刘起勇研究员、
　　鲁亮博士、刘京利副主任技师、档案室丁凌馆员、微生物形态室黄英助理研究员

中国食品药品检定研究院实验动物质量检测室主任岳秉飞研究员、
　　中药标本馆魏爱华主管技师

北京林业大学自然保护学院胡德夫教授、沐先运讲师、李进宇博士研究生、
　　纪翔宇硕士研究生

北京师范大学生命科学学院张正旺教授、张雁云教授

北京市天坛公园管理处副园长兼主任工程师牛建忠教授级高级工程师、
　　李红云高级工程师

北京动物园徐康老师、杜洋工程师

北京海洋馆张晓雁高级工程师

北京市西山试验林场生防中心副主任陈倩高级工程师

北京市门头沟区小龙门林场赵腾飞场长、刘彪工程师

北京市农药检定所常务副所长陈博高级农艺师

北京市植物保护站蔬菜作物科科长王晓青高级农艺师、副科长胡彬高级农艺师

北京市水产科学研究所副所长李文通高级工程师

北京市水产技术推广站副站长张黎高级工程师

北京市疾病预防控制中心阎婷助理研究员

北京市农林科学院植物保护环境保护研究所张帆研究员、虞国跃研究员、
　　天敌研究室王彬老师

北京市农业机械监理总站党总支书记江真启高级农艺师

首都师范大学生命科学学院生态学教研室副主任王忠锁副教授

国家海洋局天津海水淡化与综合利用研究所王建艳博士

河北省农林科学院旱作农业研究所研究室主任王玉波助理研究员

河北衡水科技工程学校周永忠老师

山西大学生命科学学院谢映平教授、王旭博士研究生

内蒙古自治区通辽市开发区辽河镇王永副镇长

内蒙古自治区通辽市园林局设计室主任李淑艳高级工程师

内蒙古自治区通辽市科尔沁区林业工作站李宏伟高级工程师

内蒙古民族大学农学院刘贵峰教授、刘玉平副教授

内蒙古农业大学农学院史丽副教授

中国海洋大学海洋生命学院副院长茅云翔教授、隋正红教授、郭立亮博士研究生

中国科学院海洋研究所赵峰助理研究员

山东省农业科学院植物保护研究所郑礼研究员

青岛农业大学农学与植物保护学院教研室主任郑长英教授

南京农业大学植物保护学院院长王源超教授、叶文武讲师、昆虫学系洪晓月教授

扬州大学杜予州教授

上海野生动物园总工程师、副总经理张词祖高级工程师

上海科学技术出版社张斌编辑

3

浙江大学生命科学学院生物科学系主任丁平教授、蔡如星教授、
　　农业与生物技术学院蒋明星教授、陆芳博士研究生
浙江省宁波市种植业管理总站许燎原高级农艺师
国家海洋局第三海洋研究所海洋生物与生态实验室林茂研究员
福建农林大学植物保护学院吴珍泉研究员、王竹红副教授、刘启飞讲师
福建省泉州市南益地产园林部门梁智生先生
厦门大学环境与生态学院陈小麟教授、蔡立哲教授、张宜辉副教授、林清贤助理教授
福建省厦门市园林植物园副总工程师陈恒彬高级农艺师、
　　多肉植物研究室主任王成聪高级农艺师
中国科学技术大学生命科学学院沈显生教授
河南科技学院资源与环境学院崔建新副教授
河南省林业科学研究院森林保护研究所所长卢绍辉副研究员
湖南农业大学植物保护学院黄国华教授
中国科学院南海海洋生物标本馆陈志云博士、吴新军老师
深圳市中国科学院仙湖植物园董慧高级工程师、王晓明教授级高级工程师、
　　陈生虎老师、郭萌老师
深圳出入境检验检疫局植检处洪崇高主任科员
蛇口出入境检验检疫局丁伟先生
中山大学生态与进化学院/生物博物馆馆长庞虹教授、张兵兰实验师
广东内伶仃福田国家级自然保护区管理局科研处徐华林处长、黄羽瀚老师
广东省昆虫研究所副所长邹发生研究员、入侵生物防控研究中心主任韩诗畴研究员、
　　白蚁及媒介昆虫研究中心黄珍友高级工程师、标本馆杨平高级工程师、
　　鸟类生态与进化研究中心张强副研究员
广东省林业科学研究院黄焕华研究员
南海出入境检验检疫局实验室主任李凯兵高级农艺师
广东省农业科学院环境园艺研究所徐晔春研究员
中国热带农业科学院环境与植物保护研究所彭正强研究员、符悦冠研究员
广西大学农学院王国全副教授
广西壮族自治区北海市农业局李秀玲高级农艺师
中国科学院昆明动物研究所杨晓君研究员、陈小勇副研究员、
　　昆明动物博物馆杜丽娜助理研究员
中国科学院西双版纳植物园标本馆殷建涛副馆长、文斌工程师
西南大学生命科学学院院长王德寿教授、王志坚教授
塔里木大学植物科学学院熊仁次副教授

没有硝烟的战场

——《物种战争》序

　　谈起物种战争，人们既熟悉又陌生，它随时随地都可能发生。当你出国通过海关时，倍受关注的就是带没带生物和未曾加工的食品，如水果、鲜肉……。因为许多细菌、病毒、害虫……说不定就是通过生物和食品的带出带入而传播的，一旦传播，将酿成大祸，所以，在国际旅行中是不能随便带生物和食品的。

　　除了人为的传播，在自然界也存在着一条"看不见的战线"，战争的参与者或许是一株平凡得让人视而不见的草木，或许是轻而易举随风飘浮的昆虫，以及肉眼看不见的细菌……它们一旦翻山越岭、远涉重洋在异地他乡集结起来，就会向当地的土著生物、生态系统甚至人类发动进攻，虽然没有硝烟，没有枪声，却无异于一场激烈的战争，同样能造成损伤和死亡，给生物界和人类以致命的打击。正因如此，北京自然博物馆科研人员创作的这套丛书之名便由此而就《物种战争》，既有"地道战""化学武器""时空战""潜伏""反客为主""围追堵截""逐鹿中原"，又有"双刃剑""魔高一尺，道高一丈""螳螂捕蝉，黄雀在后"。可见，物种战争的诸多特点展示得淋漓尽致。

　　我不是学生物的，但从事地质工作，几乎让我走遍世界，没少和生物打交道，没少受到这无影无形物种战争的侵袭：在长白山森林里被"草爬子"咬一次，几年还有后遗症；在大兴安岭，不知被什么虫子叮一下，手臂上红肿长个包，又痛又痒，流水化脓，上什么药也不管用，后来，多亏上海军医大一位搞微生物病理的教授献医，用一种给动物治病的药把我这块脓包治好了。有了这些经历，我深深感到生物侵袭的厉害，更不用说"非典""埃博拉"……是多么让人恐怖了！越是来自远方的物种，侵袭越强。

　　我虽深知物种侵袭的厉害，但对物种战争却知之甚少。起初，作者让我作序，我是不敢接受的。后经朋友鼎力推荐，我想，何不先睹为快呢，既要科普别人，先科普一下自己。不过，我担心自己能不能读懂？能不能感兴趣？打开书稿之后，这种忧虑荡然无存，很快被书的内容和写作形式所吸引。这套丛书不同于一般图书的说教，创作人员并没有把科学知识一股脑地灌输给读者，而是从普通民众日常生活中的身边事说起，很自然地引出每个外来入侵物种的入侵事件，并以此为主线，条分缕析，用通俗的语言和生动的事例，将这些外来物种的起源与分布、主要生物学特征、传播与扩散途径、对土著物种的威胁、造成的危害和损失，以及人类对其进行防控的策略和方法等科学知识娓娓道来。同时，还将公众应对外来物种入侵所应具备的科学思想、科学方法和生态道德融入其中，使公众既能站在高处看待问题，又能实际操作解决问题。对于一些比较难懂的学术概念和名词，则采用"知识点"的形式，简明扼要地予以注释，使丛书的可读性更强。

为了保证丛书的科学性，创作者们没有满足于自己所拥有的专业知识以及所查阅的科学文献，而是深入实际，奔赴全国各地，进行实地考察，向从事防控外来物种入侵第一线的专家、学者和科技人员学习、请教，深入了解外来物种的入侵状况，造成的危害，以及人们采取的防控措施，从实践中获得真知。

这套丛书的另一个特点是图片、插图非常丰富，其篇幅超过了全书的1/2，且绝大多数是创作者实地拍摄或亲手制作的。这些图片与行文关系密切，相互依存，相互映照，生动有趣，画龙点睛，真正做到了图文并茂，让读者能够在轻松愉悦中长知识，潜移默化地受教育。

随着国际贸易的不断扩大和全球经济一体化的迅速发展，外来物种入侵问题日益加剧，严重威胁世界各国的生态安全、经济安全和人类生命健康；我国更是遭受外来物种入侵非常严重的国家，由外来物种入侵引发的灾难性后果已经屡见不鲜，且呈现出传入的种类和数量增多、频率加快、蔓延范围扩大、发生危害加剧、经济损失加重的趋势。这就要求人们从自身做起，将个人行为与全社会的公众生态利益结合起来，加强公共生态道德教育，提高全社会的防范意识和警觉性，将入侵物种堵截在国门之外。

如今，物种战争已经打响，《孙子兵法》说："多算胜，少算不胜，而况于无算乎！"愿广大民众掌握《物种战争》所赋予的科学武器，赢得抵御外来物种侵袭战争的胜利。

中国科学院院士
中国科普作家协会理事长

2014年10月于北京

目录

引言

外来入侵物种生命力之顽强，往往超出了人们的想象。与其作战时，很难做到"毕其功于一役"。所以，我们要有打持久战的准备，做到"围追堵截"。围，就是要提高全民防范意识，人人都成为对付外来入侵物种的力量，从而对其形成合围之势；追，"宜将剩勇追穷寇"，不能放过每一条漏网之鱼；堵，延缓其扩散态势，将其变成"瓮中之鳖"；截，将其截成几部分，削弱其绝对优势，然后逐一消灭。

具体来说，我们要做到杜绝对佛罗里达鳖的有意放生或随意弃养；当你走过一丛刺苋旁边时，要随手将它拔除，不能在无意识的情况下成为它扩张地盘的帮凶；运用科技力量围堵银胶菊和食人鲳，对它们进行坚决"打击"；对薇甘菊要"斩草除根"，不留后患；严格进行检疫，不让长刺蒺藜草混杂在农产品中而传播蔓延……广大群众联起手来，采取围追堵截的战略战术，外来入侵物种定会无处遁形。

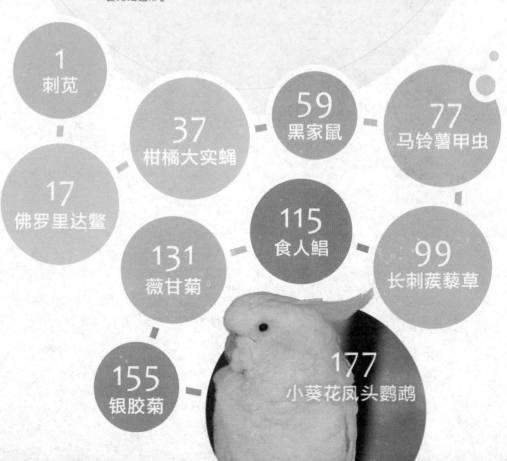

刺 苋

Amaranthus spinosus L.

对于刺苋这种一年生的草本植物,防治的最简便且最有效的方法就是拔除。这里所说的"拔除"当然指的是连根拔除。"斩草必要除根",这是几乎我们每个人都懂得的道理。

野菜的采集和食用在我国可谓是源远流长。与种植的蔬菜相比，野菜有着更为纯净的品质，是大自然的美妙馈赠，也是人与自然相生相伴的见证。在古代饥荒的年代，野菜帮助人们度过了一个又一个饥肠辘辘的日夜，更出现了许多农经类的书籍来指导人们如何食用野菜。明朝时自然灾害频繁，致使贫苦大众无法正常耕作，野菜也就成为人们充饥的首选食物。明太祖朱元璋的第五子朱橚忧国忧民，在这样的时代背景下编著出版了《救荒本草》，指导百姓如何正确地食用野菜。

饥荒年代人们被迫靠野菜充饥，但在物质条件很丰富的今天，人们也对野菜喜爱有加。野菜营养丰富，清新可口，吃腻了鸡鸭鱼肉的现代都市人，对野菜更是甚为推崇。

在种类繁多的野菜中，苋菜是很受青睐的。苋菜原产自中国、印度、东南亚和北美洲等地。它在我国自古就被作为野菜食用。苋菜除了营养丰富等优点之外，在栽培上同样有优势：抗性强、易生长、耐旱、耐湿、耐高温，加之病虫害很少发生，是理想的栽培类型野菜，受到国内外消费者的欢迎。

苋菜其实是通俗的叫法。在苋科、

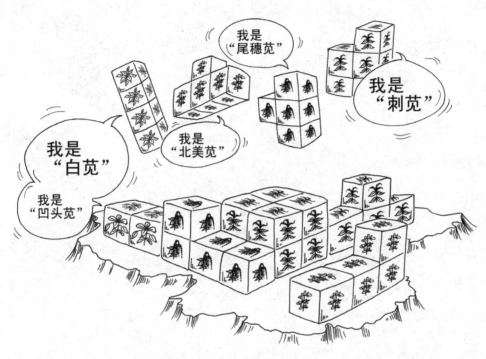

以刺苋为首的各种外来苋属植物组团进行大规模的入侵

苋属植物中可以作食用的种类都被称为苋菜。苋科全世界有60多属860多种植物,是一类分布广泛的一年或两年生草本植物。有些种类为伴人植物,在人类生活的范围内生长。苋属是由瑞典自然学者、现代生物学分类命名的奠基人卡尔·林奈于1802年设立并命名的。属的学名*Amaranthus*来源于希腊文,是"不朽的花"的意思,用来形容该属植物的花经过长久时间仍然能保持原貌而不朽。草本植物的生长时间并不长,"不朽"这种用法虽然是有些夸大,但其花朵确实相当具有持久性。之所以如此长久地开放,主要是因为它们是风媒花,花朵没有花萼和花瓣的分化,只有分别包覆雄蕊和雌蕊的花被,密密麻麻地簇生成团状或穗状的花序。而这些花被片不但在开花时保护雌蕊和雄蕊,结果后依然坚守在岗位上,保护着果实直至成熟,是相当"尽职尽责"的。

苋属为雌雄同株或异株,其中雌雄同株的种类分布广泛,适生

反枝苋

红苋

凹头苋

4

繁穗苋

于温带、暖温带、亚热带及热带地区，是生物量最大、分布最广泛的杂草类群之一。雌雄异株种类主要分布于北美洲，19世纪初随着人类贸易活动陆续在欧洲出现。苋属植物在我国分布约20种，绝大部分都是有意引进或无意引进的外来植物。其中尾穗苋 *Amaranthus caudatus* L.又称老枪谷、千穗谷或仙人谷，原产自伊朗，而它的引种历史可以追溯到汉朝。相传是我国汉朝由西域引进的宫廷花卉，历

皱果苋

代宫中多有栽植。它那紫红色的大型圆锥花序往往留给人们深刻的印象，这也是它长久以来能被当作观赏植物的法宝。三色苋*A. tricolor* L.又名雁来红、老来少，它的原产地是印度，在公元10世纪的唐朝都城长安已把它当作观赏植物来栽培，在不同的生长时期呈现出不同的颜色就是它最大的可供观赏的特点。

原产自美洲的北美苋*A. blitoides* S. Watson、合被苋*A. polygonoides* L.、白苋*A. albus* L.、凹头苋*A. lividus* L.、繁穗苋*A. paniculatus* L.和刺苋在我国也早就安家落户了。其中北美苋、合被苋和白苋的形态较为相似，容易混淆。合被苋叶片顶端有芒尖，叶面中央有一条白色斑带，并且雌性花被下1/3合生成筒状。北美苋和白苋的花被片分离，但北美苋叶片顶端没有芒尖而白苋有，这是它们的区别。凹头苋的叶片呈菱状卵形，顶端向内凹陷。繁穗苋与尾穗苋的形态很相近，主要区别在于前者的圆锥花序直立，绿色，分枝较多；而后者的圆锥花序下垂，中央顶生的穗状花序特别长，而且呈鲜艳的紫红色。原产自非洲的皱果苋*A. blitum* L.花序顶生，呈淡红色，最顶端的花穗很长，果实成熟时并不开裂，而是果皮皱缩。

在为数众多的苋属植物中，刺苋是特点最明显的，那就是叶片基部生有一对硬的尖刺，这是它防御的重要武器。它也是笔者要重点为大家介绍的本文的"主人公"。

刺苋花序

刺苋A. *spinosus* L.又名绿苋、野苋、猪苋、细苋、糠苋，与同属中其他植物最重要的区别就是它是个有刺的植物，而其余种类几乎没有刺。种加词*spinosus*用来形容它所独具的特征，那就是它的植株上长有"刺"这个结构，这也是它的中文名叫作刺苋的原因。刺苋是一年生的草本植物，通常高30～100厘米，而在肥沃的土地上生长可超过十来岁少年的身高；根长圆锥形，呈红色，稍具木质。茎直立而挺拔，圆柱形或钝棱形，多分枝，有纵条纹，绿色或带紫色。叶互生，叶片菱状卵形或卵状披针形，长3～12厘米，宽1～5.5厘米，顶端圆钝，具微凸头，基部楔形，全缘，无毛或幼时沿叶脉稍有柔毛；叶柄长1～8厘米，无毛，在其旁有2刺，刺长0.5～1厘米。尖刺都是成对出现的，对刺苋起到保护的作用。在它的尖刺威慑下，多数动物还是会选择不碰为妙。而在植物还较幼嫩没有尖刺长出来，或者即使长出来但还没硬化时，是它防御力薄弱的时候。有时候，会看到它的叶片竟然长出黑色斑块，不知道这是否是它以装病的策略来欺骗昆虫。

它的花是杂性花，所谓的杂性花就是指一种植物既具有单性花又具有两性花。单性花就有雌花和雄花之分，即一朵花仅拥有雌蕊，被称为雌花；一朵花仅拥有雄蕊，被称作雄花。两性花是指雌花和雄花在同一株植物中都存在，这种状况被称作雌雄同株。圆锥花序有腋生

刺苋

刺苋

8

也有顶生,下部的顶生花穗常全部为雄花;雌花簇生于叶腋;苞片在腋生花簇及顶生花穗的基部变成尖锐直刺;雄蕊5枚,花丝与花被片等长或较短;雌花柱头3或2枚。胞果长圆形,在中部以下不规则横裂,包裹在宿存花被片内。种子近球形,直径约1毫米,黑色或带棕黑色。刺苋的花会在7月份开始开放,随后结出许许多多的小胞果。

刺苋原产于美洲热带地区,直到18世纪才开始在其他洲的热带地区有分布,经过300年的适应和扩张,刺苋已经成为一种世界分布的有害杂草,它不仅出现在热带地区的荒地、路边等地,在温带地区也能发现大面积的刺苋身影。作为一种外来入侵植物,已经侵入到至少44个国家中,直接影响到28种农作物的生长和生产,在非洲的西部和南部、亚洲的东南部和印度等地影响较为严重。刺苋得以离开美洲老家,到世界各地去安营扎寨,主要依靠的是它那非常小的种子。你可别小看这些种子,它们非常擅长利用自身体形的优势,混杂在粮食作物的种子中,顺利登上开往世界各地的货船,在人们没有留神之际,就在异国的土地上生根发芽了。虽然它没有美丽且吸引人的外表,但它依然有方法让人类帮助它完成入侵之旅,真是一种"老谋深算"的植物啊!

早在19世纪30年代,刺苋就已经在澳门"安家落户"了,如此算来,它来到我国已经有100多年的历史了!1857年,香港也发现了刺苋的存在。目前它在我国的福建、山东、河南、云南、江苏、浙江、广东、四川、贵州、陕西、安徽、湖南、湖北、广西、江西、台湾等

人工连根拔除刺苋时要首先保护好自己

地均有生长，主要分布在海拔350米至1500米的地区，多生长在旷地以及园圃、农田中。

作为著名的外来入侵杂草，刺苋入侵的威力自然是不容小觑的！无论是在农村的村头、田边、路旁，还是在城市的废弃地上，都能看到成片成片的刺苋在苗壮成长，但看到这些，人们却无法产生"长势喜人"的想法，反而会产生深深的担忧！到底刺苋有什么"过人之处"，或者说用了什么秘密武器，才能做到把自己的"子孙"散播到四面八方，并且又能生根发芽、蓬勃发展的呢？

下面我们就来介绍一下刺苋的小"秘密"！刺苋是具有杂性花的被子植物，花很小，既能进行自花传粉，也能依靠风力和昆虫传播授粉，这样保证了后代具有较丰富的变异，从而能适应多样的外界环境，为入侵奠定了基础。当一种杂草的个体被传播到远离其原产地的新环境时，由于该个体脱离其种群，通常缺少异体传粉及受精的外在条件，故具有自花授粉或无性繁殖力是其必然的选择性特征。

刺苋的种子产量非常高，每一株植物体可以产生235000枚种子，这个数量是非常惊人的。种子边成熟边脱落，并且种子的寿命很长，通过休眠后萌发，其生命力很强，能在地表下埋藏长达10年以上，等待遇到合适的水热条件就会萌发，一代一代，前仆后继，生生不息。种子的个体非常小，长度不到1毫米，重量也很轻，这样小而轻的种子，传播方式多样，可伴随自然界的风力、水力，以及人类或动物传播，到达草坪

刺苋

则成为杂草,到作物和蔬菜地则影响其产量。为何它所到之处,草坪和农作物都会为它让路,竞争不过它呢?那是因为它比土著种更能耐寒耐旱,在生长期间需水少,生长速度更快,在土壤肥力瘠薄的地区也能生长良好,其成体植株具有很强的抗逆性,叶量大、多分枝、生物产量高,这些特性使它获得了竞争优势,占据了土著种不能利用的生态位,从而成功入侵。此外,由于它的种子小而轻,还容易混进作物种子内,降低作物产量或造成污染。

虽然刺苋因为生存空间的压缩而只能趁着农地休耕的空当生长与繁衍,但其实在一些废弃的空地与草地上,早在春夏之间就可以发现到它的踪迹,尤其在高温炎热的夏季,更是它展现旺盛生长力的时候。比起一般植物的光合作用系统,苋科植物好比配备了改良过的二代光合作用系统一样。当气候炎热使得温度过高时,一般植物会关闭气孔以减少水分蒸发,但如此一来,二氧化碳进不来,氧气也出不去,囤积在叶绿体内的氧气便会破坏细胞内的半成品(含有三个碳的有机化合物)而影响植物的生产力,我们身边多数的植物,如水稻、小麦等都属于这类C3植物。而改良式的二代光合作用系统可不一样,它们的半成品是一种含有四个碳的有机化合物,并且会先存放到另一种不受氧气影响的细胞中,它已经发展出一种新的方式,让植物即使在高温的环境下也不会减少光合作用的效率,这类植物因此被称为C4植物。刺苋非常适合生长在高温炎热的环境下,是极具代表性的C4植物。

刺苋不仅叶片具有优异的光合作用能力,它的花还具有常葆青春的能力呢!刺苋的花被从花苞开始,一直到果实发育的阶段都能保持常青,尽职尽责地保护着生长在最内部的生殖器官。一般植物的花在开花传粉后花瓣就会凋落了,而刺苋的花被依然挺立,甚至还会包覆住新长成的果实,保障它们得以安全地成长,直到种子成熟时才会打

刺苋的刺

开。花被的开放时间长,并且会终其一生来保护下一代的成长,完全称得上是"不朽的花"。

正是因为刺苋具有上述的生物学特性,使得它能够在离开美洲老家后,在世界的许多地方安家落户,站稳脚跟后甚至出现了"反客为主""鹊巢鸠占"的情景,成为被引入地的毒草、害草,尤其在亚洲,它在稻米种植业中是危害极大的一种杂草。

斗智斗勇

对于刺苋这种一年生的草本植物,防治的最简便且最有效的方法就是拔除。这里提出的"拔除"当然指的是连根拔除。"斩草必要除根",这是几乎我们每个人都懂得的道理。仅仅割去地上部分没有多大用处,底下的根上还会滋生出新的幼芽,假以时日照样能长成成熟植株进而开花结果。埋藏在地下的红色根是刺苋生命的源泉,连根拔出后它的生命将被彻底终结。拔除的时机在对刺苋的防治步骤中也是至关重要的。每年7~11月是它开花结果的时期,拔除工作要在此时期之前完成,否则一旦几十万粒种子产生后,防治的工作将会难上加难。别以为把当年生长的植株连根拔除就可以高枕无忧了,要特别提醒大家的是,它已经散落在土壤中的种子在十几年之内都具

刺苋

有活力，还具有萌发的能力。因此，每年对防治区域进行补拔除工作是非常有必要的。

相对于人工拔除而言，化学防治是较为轻松、省力而且见效快的防治方法。但它也有非常大的缺点，化学试剂或农药不仅对生活在一起的其他植物发生作用，而且会污染我们当前日益脆弱的环境，因此需要谨慎使用。生物防治相对于人工拔除和化学防治而言，是比较省力、环保、可持续发展的好方法，但迄今为止，我们尚未发现可以用于防控刺苋蔓延的天敌。

刺苋除了具有外来入侵植物的特性、对农业及生物多样性造成危害以外，也能成为人的食材、中药等，在有些地区还出现了一些特殊的用法。因此，刺苋也能给人类带来一些益处。

刺苋作为一味中药材，主要有清热解毒、利尿、止痛、解毒消肿、清肝明目、散风止痒、杀虫疗伤等功效。刺苋还是药食两相宜的植物，单就食用价值而言，它可是小有名气的野菜，但是因为刺苋多刺，采摘时应小心而为，摘时须一手小心翼翼地抓住它的嫩梢，将其固定，一手持剪刀贴地剪下。剪下以后削去其刺，剪成两三厘米长的段，洗净，嫩芽嫩茎晒蔫后浸入咸菜卤中，浸过一昼夜便可食用。此外还有清炒刺苋头、肉炒刺苋嫩茎的吃法，味道不错。在非洲，刺苋和同属的其他几种植物一样属于珍贵的食用植物。在泰国菜中也经常可以见到刺苋的身影，用它做出来的被称作phak khom的一道菜在当地颇负盛名。菲律宾人也会用刺苋来做菜，他们将其称为kulitis。在马尔代夫，刺苋更是有着数百年的烹饪历史，那里的人们数代以来都用其当作美食，其中较著名的一道菜称作mas huni。可见，刺苋也在某些时刻满足了世界上许多国家的人的味蕾。

在我国的某些地区，刺苋还有一些特殊的用法。比如最早来到海南岛的民族——黎族人很少种植蔬菜，而将刺苋当作他们传统食用的野生蔬菜之一。另外，他们也会将自己日常的生活场景编织在民族服饰上，而植物纹则是常用的图案，刺苋的图案或刺苋纹也就理所当然地出现在他们日常所穿着的服饰上了。

顽强的刺苋以它尖锐的刺作为保护，在世界各地不断地攻城略地，开拓着越来越多的疆土。虽然刺苋的美味让人垂涎三尺、欲罢不能，但我们应该清醒地认识到，刺苋作为外来入侵植物的本性将不会改变。当你走过一丛刺苋旁边时，在有可能的情况下就最好拔除它，即使没有时间和精力，也请你在离开它身边时，挥一挥衣袖、看一看鞋底，不带走一粒种子，不能在无意识的情况下成为它扩张地盘的帮凶。

（毕海燕）

深度阅读

李振宇，解焱. 2002. **中国外来入侵种**. 1-211. 中国林业出版社.

徐正浩，陈为民. 2008. **杭州地区外来入侵生物的鉴别特征及防治**. 1-189. 浙江大学出版社.

徐海根，强胜. 2011. **中国外来入侵生物**. 1-684. 科学出版社.

万方浩，刘全儒，谢明. 2012. **生物入侵：中国外来入侵植物图鉴**. 1-303. 科学出版社.

环境保护部自然生态保护司. 2012. **中国自然环境入侵生物**. 1-174. 中国环境科学出版社.

佛罗里达鳖

Apalone ferox Schneider

人们必须摈弃从动物贩子手中买野生动物放生的行为，因为这一"善举"未必就能有好的效果。首先，金钱会激励卖方继续捕捉或收购更多的野生动物。买方善意行为的代价，则是更多生灵被贪婪所吞噬。其次，大多数人通常不具备专业知识，花了很多钱可能买到的是不适合再放逐野外的外来入侵物种。

天津水上公园

外来的"甲鱼"

天津的水上公园是一个著名的风景游览区,其历史可追溯至20世纪初。宽阔的水面和广场,以及仿古长廊,无不令人感到心旷神怡。由于水上公园位于市区内,尤其受到广大市民的喜爱,是人们乘凉、散步、休闲娱乐的好去处。早在1957年,谢觉哉老人就曾给水上公园题诗一首:俪俪亭台立,洋洋鱼藕肥,工余休憩者,始戏不言归。

现在,水上公园已经成为免费的开放式公园了,早晨有晨练的大爷大妈,白天有划船、观景的游客,晚上吃过饭到此遛弯儿的人更多,非常热闹。节假日则是孩子们的天下,都排着长队等候着登上公园的主要标志物之———高高耸立的摩天轮,去体验一番惊险刺激的感觉。然而,这种平静的生活却被一只外来的"甲鱼"掀起了波澜。为了维持湖内生态系统的平衡,工作人员每年夏天都会对水上公园湖内的鱼类进行一定程度的捕捞。这一天,水上公园的工作人员在进行水面作业时,却在东湖里捕捞上来一只体形硕大的"甲鱼"!看到这个十分罕见的动物,围观的游客们都啧啧称奇,但是谁也说不出这个"甲鱼"的正式名字。就连一位从事水产生意的大姐也说："可以肯定的是这是只甲鱼，不是乌龟，但它是嘛品种不好说，我做生意20多年了，第一次见这么大个儿的'甲鱼'。"

　　这个"大家伙"刚被捕捞上来时特别凶，像个不甘受辱的"披甲武士"，工作人员根本不敢用手去碰，有人甚至差点被它咬到。看上去，这只"甲鱼"体长大约有40多厘米，宽度为30厘米左右，足有一个脸盆大小。工作人员称了一下它的体重，超过了10千克。它的背甲为椭圆形，呈灰褐色，上面镶嵌着大面积的深黑色弥散性斑块，斑块之间以棕红色的条纹隔开，上面还布满了黑色的斑点，在边缘可以看到十几个黑斑组成的椭圆形圆圈，背甲的前部有不少暗黄色的凸起的对称点状疣粒，背甲后缘也有点状疣粒分布。它的腹部以白色为主，略有粉红色。它头部较小而呈橄榄绿色，两侧具淡黄色条纹，棕色的又长又尖的鼻管伸进水里，不时吐出气泡，两只圆眼睛精神十足，四肢较扁而粗壮，指、趾间满蹼，均具3爪，再配上一个短尾巴，看上去力气不小。

佛罗里达鳖

　　"甲鱼"是敌是友还没搞明白，工作人员只好暂时把它放在船舱的水池里。它悠闲地游着泳，不时翘起头来伸长脖子看看围观的游客，一副"既来之，则安之"的样子。这时，大家最为关心的问题却是这只"甲鱼"的年龄，并对此议论纷纷，见仁见智。工作人员说，公园从未在湖内放养过"甲鱼"，因此它很可能是野生的，或者是游客放生的。一个游客说，这么大个的"甲鱼"，很可能有100岁了，可以称得上是"镇湖之宝"了！还有更多的人建议工作人员把它放生。

　　很快，"水上公园发现一条大'甲鱼'！"的消息不胫而走，迅速

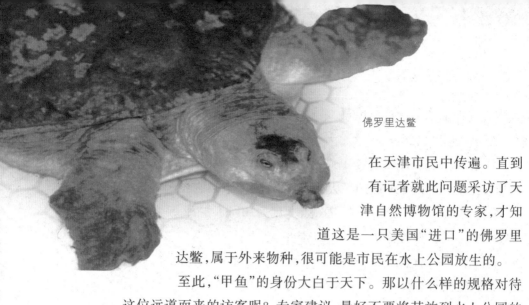

佛罗里达鳖

在天津市民中传遍。直到有记者就此问题采访了天津自然博物馆的专家,才知道这是一只美国"进口"的佛罗里达鳖,属于外来物种,很可能是市民在水上公园放生的。

至此,"甲鱼"的身份大白于天下。那以什么样的规格对待这位远道而来的访客呢?专家建议,最好不要将其放到水上公园的湖中,更不要放到海河等野生环境。"放生"有什么问题?很容易好心办坏事,后面我们会一一说来。

虽然这是第一例在天津野外发现的佛罗里达鳖,但有资料显示,广州市民在珠江、南宁市民在邕江、温州市民在流经小区的河里以及上海市民在松江华亭湖里钓鱼时,都曾经钓出过佛罗里达鳖。江苏吴江松陵镇的居民在京杭大运河内也曾徒手捉到一只重达7千克的佛罗里达鳖。

此外,在福建福鼎、江苏连云港等地的菜市场里,都有人买到过佛罗里达鳖。一位江苏宿迁市泗洪县的居民在挖基站时,还曾挖到过一只佛罗里达鳖。当地人说,这种鳖在泗洪县几年前有养殖户从外面引进并养殖过。

但是,大多数人在好奇心被满足了之后,都是选择将佛罗里达鳖"放生"。这看起来像是一个善举,其实却埋下了不小的祸根。

天津自然博物馆

天地之灵

　　在我国5000多年浩瀚的文明史中,历来有将"龙、凤、麟、龟",即称为"四灵"的神奇动物作为"图腾"崇拜的现象。显然,作为"四灵"中唯一在自然界真实存在的动物——龟(包括鳖),是古人最为尊崇的神灵动物之一,常冠之以"灵龟""龙龟""神龟""天鼋龟"等尊贵的称谓。

　　中华民族崇敬龟鳖类动物的习俗绵延数千年。《史记·龟策列传》说:"龟者,天下之宝也。"我国历史上对龟鳖类的崇拜包括行龟卜、设龟官、掌龟印、佩龟袋、照龟镜,以及戴龟帽、取龟名,等等,不一而足。

　　古人认为,天是圆的,地是方的,而龟鳖类的形体具有天、地、人三才之象。天是圆的,龟鳖类的背甲也是圆的,因此具有"天象";地是方的,龟鳖类的腹甲也平整似方形,所以又有"大地之象"。背甲覆盖其躯体,就如同圆形的天空覆盖着大地,而背甲上繁复的花

西汉陶龟　　　　商朝晚期"作册般"青铜鼋

纹，亦如天空中的日月星辰散落在天盖上。古人还认为天是由四根柱子所支撑，否则天会塌下来，而龟鳖类也有四肢支撑其背甲。另外，龟鳖类的头很像男性的生殖器，这是"人象"。因为在远古时代，人们的生活条件差，生育水平低，所以就将它们作为生殖器崇拜的象征之物。

也许，龟鳖类就是凭借自己这些特点"征服"了古人，才以真实动物的身份跻身于中华民族四大灵物之中，进而被人们视为民族的图腾之一。

事实上，龟鳖类是一类包括陆栖、水栖和在海洋中生活的爬行动物，在分类学上隶属于爬行纲龟鳖目。它们的主要特点是躯体短、宽而略扁，包含于坚固的骨质甲壳之内，甲壳表面被覆角质盾片或皮肤，头、四肢和尾可以从甲壳的边缘伸出。龟鳖类的这个特点，是动物中所独有的。

不过，鳖和龟还是有区别的。鳖类只是龟鳖目的一个科，全世界共有23种。它们是在水中营底栖生活的动物，没有角质盾片，背甲用皮肤取代了坚硬的壳，边缘则形成了"裙边"，便于隐藏于水底淤泥下。四肢较为扁平，指、趾间有蹼。

与陆生龟类不同，鳖类有独门的"吸氧大法"，可以通过皮肤以及口腔、喉、泄殖腔等处的辅助呼吸器获得氧，特别是

明朝龟形砚滴

22

有些在水底污泥中越冬的种类,辅助呼吸器起重要作用。

鳖类的繁殖行为与陆生龟类也有所不同,它们的求偶及交配一般都在水中进行。在求偶时,雄鳖经常会绕着雌鳖游动,并用四肢轻轻拍打雌鳖,直到引起雌鳖的注意,并且会有几次浮出水面来换气。整个交配过程大概会持续5～20分钟,但有的也会长达1小时以上。

中华鳖

人间美味

鳖与龟受到尊崇的历史虽然同样源远流长,例如早在3000多年前的西周时,就设有专门的"鳖人"一职,但这个职位的人负责的却是为帝王捉鳖,从而证明了我国自古以来对于鳖的主要态度还是食用。

在民间,鳖类俗称为团鱼、甲鱼、水鱼、王八等,不仅味道鲜美,而且营养丰富,具有"鳖肉坚实不肥、鳖油亮黄不腥、鳖裙糯滑不酥、鳖汤乳白不腻、鳖味清香纯正"的特点。我国食用鳖类的历史很长,例如在春秋时期就出现过著名的"染指于鼎"的故事。据《左传·宣公四年》记载,公元前605年的郑灵公元年,一天,郑国大夫子宋与子家一起上朝,忽然子宋的食指无缘无故地颤动起来,就对子家说:"以前我手指颤抖时,都预示着有异味可尝,看来今天又有好吃的了。"入朝后,果然看到厨师

龟

正在杀一只大鳖，两人不觉相视而笑。郑灵公看到两人怪怪的，子家就把此事告诉了他。当大鳖烧熟时，郑灵公将鳖肉分食给众臣，却偏不给子宋。子宋觉得伤了自己的面子，一气之下，走到大鼎面前，伸出指头往里蘸了一下，尝了尝味道，然后大摇大摆地走了出去。郑灵公大怒，起了杀心。不久，郑灵公又想杀掉子宋，却被子宋所杀。因为吃鳖的一件小事，竟酿成一起"弑君"之祸，听来令人咋舌。于是后世就用"染指"一词来比喻分取非分的利益，这也为汉语增添了一则典故。

其实，鳖的滋味并不在肉，而在鳖甲四周肥厚的结缔组织部分。由于这个地方下垂似"裙"，故名"裙边"，也叫"飞边"，是鳖最鲜美的部位。

自古以来，鳖还被人们视为滋补的保健品。《黄帝内经》说：鳖"食之滋阴补肾，养人阴气入任脉"。《神农本草经》中有"鳖可补痨伤，壮阳气，大补阴之不足"的说法。《本草纲目》《中华本草》也都有记载。现代科学也认为，鳖含有蛋白质、脂肪、钙、铁、动物胶、角蛋白及多种维生素，是不可多得的滋补品。

佛罗里达鳖

24

我国人民食用的鳖类主要是中华鳖。它是我国最常见的一种鳖类,体长一般为20～25厘米,体重在1～1.5千克左右。它的眼睛很小,头部为淡青色,散布黑色斑点,颈部长,背腹有软甲,背面呈橄榄绿色,有黑色的斑点,腹面为黄白色。它的体表有柔软的皮肤,四肢较扁平,有发达的蹼。由于我国是它最主要的分布区,除新疆、青海、宁夏和西藏外的大部分地区都有分布,因此得名中华鳖。

中华鳖主要栖息于河湖、水库、池塘等水域中,有时上岸活动。它的活动时间主要是夜晚,以鱼类、虾、螺等为食。它有冬眠的习性,夏季产卵于岸边松软泥地上的浅坑中,每次产卵8～30枚,卵的直径约为15～20毫米,卵重为8～9克。卵靠自然温度孵化,孵化期为23～83天不等。幼体出壳之后便自行爬到水中。

除了中华鳖外,我国的鳖类还有鼋和山瑞鳖两种。鼋是体形最大的鳖,体长为80～120厘米,体重50～100千克,最大的超过100千克,分布于广东、广西、海南、江苏、浙江(青田、桐乡)、福建和云南等地。山瑞鳖也比中华鳖大,体长为30～40厘米,体重为20千克左右,分布于云南、贵州、广西、广东、海南和陕西等地。不过,它们的数量都十分稀少,而且现在都已经被列入我国

山瑞鳖

鼋

中华鳖

我国的鳖类

国家重点保护野生动物名录,其中鼋被列为Ⅰ级保护动物,山瑞鳖被列为Ⅱ级保护动物。

因此,有人为了丰富我国鳖类的品种,于20世纪90年代中期前后从美国引进了体形比中华鳖大的佛罗里达鳖。佛罗里达鳖*Apalone ferox* Schneider也叫美国山瑞,隶属于鳖科软鳖属。它的原产地主

佛罗里达鳖的原产地——美国佛罗里达州的水域

要是美国的佛罗里达州,其次是阿拉巴马州、佐治亚州和南卡罗来纳州。

　　佛罗里达鳖生活于沙底或泥底的河、湖、水塘、水渠等淡水水域,也生活在泉水里。在自然环境下,它漂浮于水面或在沙滩上晒太阳,显得十分悠闲;在水下它一般埋在沙泥里休息,头部露在外面,看

浣熊

臭鼬

赤狐

佛罗里达鳖的天敌

起来也很惬意。无论是水中还是陆地上,其移动速度都很快,可以说是龟鳖类中出类拔萃的"运动健将"。它们对温度比较敏感,当水温低于12℃以下时,就潜入水底淤泥及细沙中冬眠。醒着的时候,主要抓些无脊椎动物如贝类、虾类等来吃,偶尔也摄食蛙、小鱼、小鸟等,

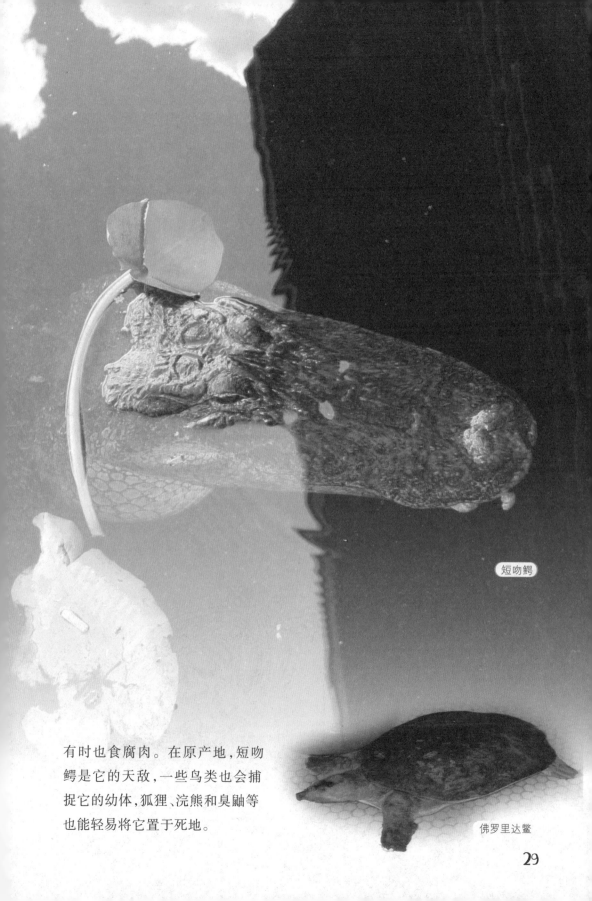

短吻鳄

有时也食腐肉。在原产地，短吻鳄是它的天敌，一些鸟类也会捕捉它的幼体，狐狸、浣熊和臭鼬等也能轻易将它置于死地。

佛罗里达鳖

在佛罗里达州,每年3月中旬到7月为它的产卵期,雌鳖早晨或上午在有阳光但比较潮湿的岸边沙滩或泥地上挖穴产卵,穴深为11～18厘米,一次产卵30～40枚,卵呈圆球形,直径约24～32毫米,卵重为7～16克。在29～31℃条件下,孵化期为60～70天。在人工养殖条件下,它需要4～5年达到性成熟,窝卵数也比野外的多一些。

佛罗里达鳖的饲养并不困难。由于它的皮肤有辅助呼吸的作用,因而可以较长时间地停留在水下,在饲养缸内不用设置浮岛,水温应控制在18～32℃之间,冬天需要加温。只要温度合适,它长得就很快。

佛罗里达鳖来到我国后,首先到达的地方是厦门、海南等地。它并不怎么挑食,开口就吃现成的颗粒料,饲料里面营养成分都是搭配好的,特别小的幼体可以喂红线虫,大一点的稚鳖可以喂小鱼、小虾或者瘦肉,鲜活的小鱼、小虾更合它的胃口。此外,在它的饲料里还可以加一部分玉米粉以及空心菜、木瓜等蔬菜,可以把它们打碎,搅拌均匀,和成团再来投喂。其中粗纤维素的含量多,能够促进它的

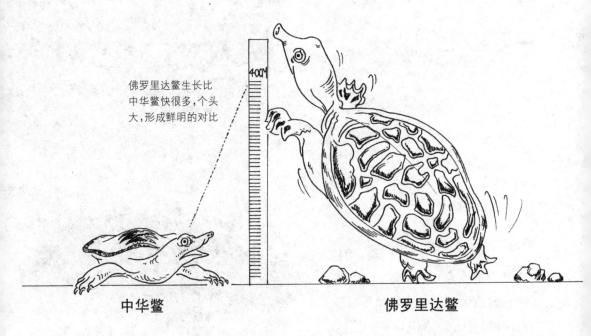

佛罗里达鳖生长比中华鳖快很多,个头大,形成鲜明的对比

40CM

中华鳖   佛罗里达鳖

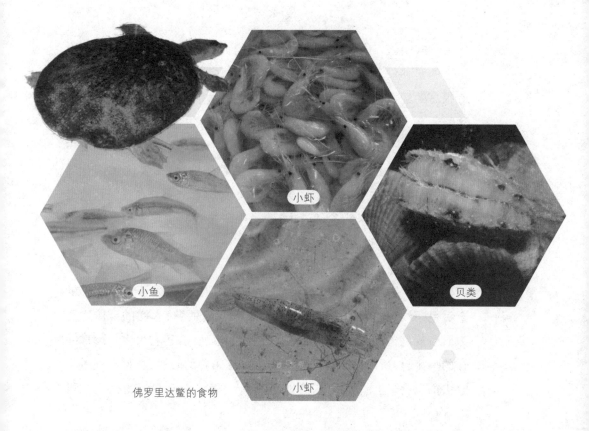

小虾

小鱼

贝类

小虾

佛罗里达鳖的食物

肠道运动帮助消化。这些蔬菜水果都是最容易得到的,搭配好了还能把养殖成本降下来。当被引种到其他地方的时候,它也能入乡随俗地吃当地常见的蔬菜和水果,所以饲喂还是件挺简单的事。如果营养不错,到了产卵的时候,它也就顺利地产卵了,而且产卵的数量也不少。幼鳖顺利地破壳而出,一个个活蹦乱跳的,长得壮实。刚刚出壳,它的个头就不小,比刚出壳的中华鳖要大上一整圈呢。刚刚出壳的中华鳖只有3~6克,佛罗里达鳖刚出壳时的体重为6~15克。

鳖类的性情一般都很凶猛,有句俗话说:王八咬人不撒嘴。中华鳖就是生性好斗,打起架来可是六亲不认。养过中华鳖的人都知道,它们非常爱打架,而且一打起来就拼个你死我活,所以养过中华鳖的人都会按照它们的个头来分池饲养。佛罗里达鳖虽说个头大,可性格不仅不暴烈,反倒可以说比较温柔,它们很少互相攻击。

这样几年下来,佛罗里达鳖不仅在我国"安了家",而且也"落了户",顺利地繁衍了。在同样的条件下,佛罗里达鳖的生长速度是中华鳖的3～4倍。佛罗里达鳖的个头长得大，出肉率就多，而且裙边也特别的宽、厚、大。因此，佛罗里达鳖符合了人们吃甲鱼的口味要求，有很高的经济效益，也被我国许多水产技术推广站所看中。佛罗里达鳖还有少病害、养殖成活率高等优点，因此很快就被推广养殖。

目前，国内的海南、广东、广西、江苏、浙江等地为佛罗里达鳖主要繁殖地区，江浙一带为主要养殖商品鳖的地区，多实施工厂化养殖，湖南、湖北、江西、安徽、山东、北京等地也有分布。在我国目前最主要的16个鳖类养殖省（区）中，除了中华鳖是养殖频率最高的种类之外，其次就是佛罗里达鳖。

佛罗里达鳖也常出现在宠物市场上。它的稚鳖非常漂亮，身体近圆形，体表扁平、光滑，鼻尖而长，鼻尖至眼睑有两条"人"字形的金黄色条纹，裙边的边缘上还有一圈金黄色的镶边。它的身体主要为橄榄黄色，背部有着一个个弥散性的圆形花纹，还有很多像珍珠一样的小突起，所以也叫珍珠鳖。它很少有闲着的时候，总是到处游来游去的，样子也非常可爱，在水族市场上很让人有购买的欲望。可

因为佛罗里达鳖的样子喜人，
不法商贩在街头售卖，让人们放生，结果造成
了外来物种的入侵

惜的是,"白天鹅"最后变成了"丑小鸭"——稚鳖华丽的色彩会随着年龄的长大而暗淡,到体重100克左右时,裙边及头部的金黄色色带逐渐变淡,背面变为深灰色,腹面逐渐变为白色,身上的花纹也会逐渐褪去。

路边的小摊贩

隐患日增

近年来,我国龟鳖类养殖业发展十分迅速,外来龟鳖种类的大量引入使我国野生的本土龟鳖类资源受到了严重的威胁。由此带来的对生物多样性的破坏也不容忽视。

佛罗里达鳖是我国龟鳖类市场上重要的外来鳖类养殖品种,由于其养殖规模日益扩大而带来的生态安全隐患更为严重,不仅大规模的商品鳖繁殖基地容易发生逃逸现象,还有不少市民喜欢将它买来当宠物饲养,而当它长大后"年老色衰"而且性情变得比较生猛,有些市民便将它遗弃在河道或湖泊等水域中。也有不法分子拿它来冒充百年老鳖,高价卖给市民用于放生。由于佛罗里达鳖在我国野外基本上没有天敌,通常成长较快,对野生水域中的各种生物会构成严重的威胁。

因此,人们必须摒弃从动物贩子手中买野生动物放生的行为,因为这一"善举"未必就能有好的效果。首先,金钱会激励卖方继续捕捉或收购更多的

外来物种和外来入侵物种

外来物种是指在一定的区域内,历史上没有自然分布,而是直接或间接被人类活动所引入的物种。当外来物种在自然或半自然的生境中定居并繁衍和扩散,因而改变或威胁本区域的生物多样性,破坏当地环境、经济甚至危害人体健康的时候,就成为外来入侵物种。

黄河

野生动物。买方善意行为的代价,则是更多生灵被贪婪所吞噬。众所周知,被放生的鸟类绝大多数都是被粘在鸟网上的少数幸存者。其次,大多数人通常不具备专业知识,花了很多钱可能买到的是不适合再放逐野外的外来入侵物种。此外,对于来源不明的佛罗里达鳖,由于未经过卫生检疫,因此也不建议人们食用它们。

尽管目前我们不知道佛罗里达鳖在我国野外的种群数量,但其在野外广泛分布已是不争的事实。和所有外来入侵物种一样,佛罗里达鳖具有适应性广、繁殖速度快、抗逆性强等特征。如果放生野外,它们势必大量掠夺本地生物的生存资源,对当地同类物种构成生存竞争。

通常情况下,当外来物种在入侵地进入大规模的繁殖和扩散期的时候,再控制或清除就十分困难了。还有,外来物种自身携带的病原微生物,也可能对生物多样性产生巨大威胁。

佛罗里达鳖在其他地方的"入侵"历史,也值得引起我们高度的警戒。1987年西班牙引进的90多万只佛罗里达鳖，由于繁殖迅速，威胁土著龟鳖类物种，已成为西班牙的生态灾难性公害。

佛罗里达鳖

目前，在我国黄河中游流域自然水域中，也已发现了佛罗里达鳖的踪迹，这是一个危险且值得高度警惕的信号。佛罗里达鳖达到一定数量时，流域内土著的龟鳖类的生存将会受到严重威胁。

外来的佛罗里达鳖因其独特外形和亮丽色彩，受到很多人的喜爱，然而，大多数人并不了解它可能存在的生态方面的危害，因此急需加强宣传教育，以提高公众对外来物种入侵防范的认识，杜绝对外来龟鳖物种有意放生或随意弃养，使公众重视外来物种入侵问题，使该项工作变成全民行动。

（李湘涛）

深度阅读

韩飞，窦寅，周婷等. 2009. 我国佛罗里达鳖养殖技术及管理策略. 水产养殖，30(10): 68-70.

张红星. 2010. 黄河中游流域外来龟、鳖类对原有种类的生态威胁. 动物科学(现代农业科技)，

  2010(10): 326-328, 331.

徐海根，强胜. 2011. 中国外来入侵生物. 1-684. 科学出版社.

柑橘大实蝇

Bactrocera minax (Enderlein)

作为管理部门,在柑橘大实蝇疫情发生的时候要做到及时、迅速、高效、有序地进行应急处理,首先要及时发布疫情信息通告,保证公民的知情权,避免"谣言漫天飞"的情况出现,然后是立即采取有效的防控措施,避免疫情扩散。

一条短信引起的恐慌

2008年9月底，一条神秘的短信迅速蔓延开来："告诉家人和同事朋友，最近暂时别吃橘子，今年四川广元的橘子，在剥了皮后发现了"小蛆"，埋了一大批，还撒了石灰……"

短信中的"小蛆"，是在四川省广元市旺苍县的一个村子里的落果中被发现的。它通体乳白色，在金黄色橘皮的映衬下，显得极为抢眼。"小蛆"被各路媒体多次转载后，成为红极一时的"明星"。不过，粉墨登场的"小蛆"，被当地植保部门的农艺师一眼就认了出来：这是他们一直在监测的柑橘大实蝇的幼虫。

柑橘大实蝇是柑橘的重要害虫，为国内外植物的检疫对象。为了防止这种虫害在橘园中大面积传播，相关部门立即采取了措施，挖坑深埋病果，并撒上石灰。盖有"旺苍县人民政府"公章的《防治柑橘大实蝇疫情的公告》，也开始张贴在疫区各重要场所、公路沿线。人们还设卡拦截，阻止"蛆橘"上市。也就是说，旺苍有虫的橘子并没有"逃"出本县。

然而，神秘短信的"病毒"式传播，以及一些不负责任的媒体未经仔细调查便"推波助澜"，刊载了有关蛆橘"疫情"在四川广元"暴发"的消息并配了图片,在这张令人倒胃口的图片中,可以隐约看到橘子皮下的一只白色蛆虫,这让本来对一些不知名的小昆虫都感到无端害怕的消费者产生了厌恶的情绪,再加上人们对"疫区"二字的本能恐惧,最终引发了"蝴蝶效应":老百姓已经"谈橘色变",不敢再购买橘子了。

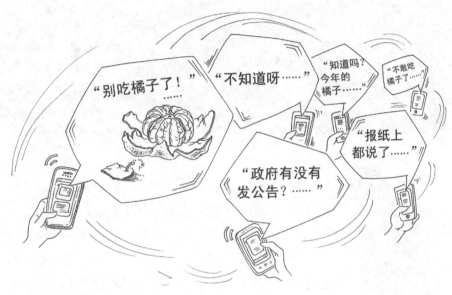

短信像病毒一样从手机蔓延,起到了不好的影响

在这场突如其来的蛆橘事件中,受柑橘大实蝇为害的果实只不过是极少数,且仅限于小范围的地区,并没有传播开来。虽然蛆橘在大部分地区并不存在,但仍然给消费者造成了心理阴影。不过,受到个别地区个别蛆橘的牵连,"没虫橘子"也被打入冷宫。柑橘——这种仅次于苹果的中国第二大水果,在大半个中国严重滞销。据报道,受四川广元蛆橘的影响,湖北、重庆、江西、北京等部分主产区和主销区的柑橘销售受阻:在湖北省,大约七成柑橘无人问津,损失或

有"小蛆"的橘子

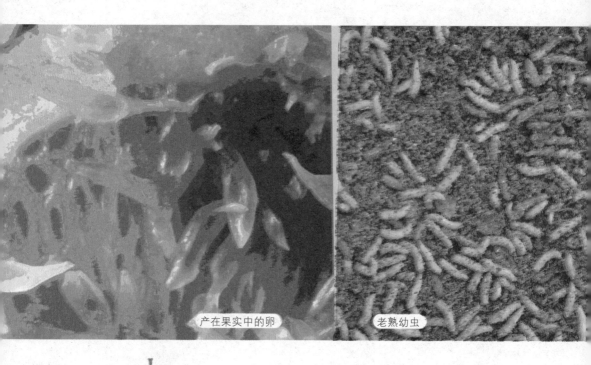

产在果实中的卵

老熟幼虫

柑橘大实蝇成虫

达15亿元；而在北京、山东青岛，以及广西、湖南、贵州，橘农或者水果批发市场里的商贩守着卖不动的橘子哭泣的场景，随处可见。柑橘里的那条小虫子"咬伤"了整个柑橘行业，其中受伤害最深的是橘农。很多橘农只能眼睁睁地看着自己辛辛苦苦培育一年的柑橘烂在枝头，别无他法。就这样，"蛆橘"事件从天灾变成了人祸，一条短信毁了一种水果。

短信中的"主角"是何方神圣？

搞得天下大乱的短信主角——"小蛆"，到底是何方神圣？它的真身原来是一种蝇类——柑橘大实蝇的幼虫。柑橘大实蝇的学名为*Bactrocera minax* (Enderlein)，英文名为Chinese citrus fly，中文别名有橘大食蝇、柑橘大食蝇、柑橘大果蝇、柑橘大果实蝇、黄果蝇等，是国际上的植物检疫性有害生物。它的幼虫俗称"柑蛆"，被害果称"蛆果""蛆柑"。

柑橘大实蝇在分类学上隶属于昆虫纲双翅目实蝇科果实蝇属，

40

蛹

和"臭名昭著"的苍蝇是近亲,属于同一个目——双翅目。在双翅目中,蚊、虻和蝇三种类型的昆虫是最有代表性的"三大家族",其主要特征是成虫只有一对膜质的前翅,后翅退化为平衡棒。

柑橘大实蝇是完全变态的昆虫,一生的发育要经过卵、幼虫、蛹和成虫四个阶段,我们看到的"柑蛆"就是它的幼虫阶段。它的幼虫头部不明显,口器退化,仅有1~2个口钩,尾部大而钝,体长约1.5厘米,身体一般为乳白色。在普通人看来,这些虫子头小(因蛆的头部大部分缩入胸内,显得前端比尾部小),带黑点(口钩为黑色),外形和其他蝇类的幼虫(通称为蛆)在外形上差不太多。它的蛹为椭圆形,鲜黄色,快羽化成成虫时变为黄褐色。

柑橘大实蝇的成虫体长为12~13毫米(不包括产卵管),翅展为20~24毫米,比我们熟悉的家蝇要大些。身体为淡黄褐色,头大,复眼大,金绿色,触角有很长的触角芒。胸部背面中央有深茶褐色"人"形斑纹,其两侧还有一条较宽的纵纹;中胸背面中央有一条倒"Y"字形的黑色纵纹,从基部直达腹端。翅透明,腹部黄褐色,中央具黑色"十"字形斑纹。在雌虫腹部末端可以明显地看到一根细长的针状物——产卵器,长度比腹部稍短,末端尖锐。

佛手

柑橘类水果

丑柑　青蜜橘

甜橙　柠檬

42

柚子

　　柑橘大实蝇只"钟情"于芸香科柑橘类果实，但贪得无厌：不仅和我们抢柑橘，还把魔爪伸向了甜橙、京橘、酸橙、红橘、柚子等，甚至也为害柠檬、香橼和佛手，是柑橘类水果生产上的第一大害虫。

　　柑橘大实蝇一年发生1代，在蛹的阶段藏在土内越冬。成虫羽化出土一般在春末夏初的上午9～12点，特别是雨后天晴，气温较高的时候，羽化最繁盛。成虫羽化出土后，常群集在橘园附近的杂树林内，取食蚜虫等分泌的蜜露作为补充营养，整个夏季都可以看到它们的活动。成虫羽化后20多天开始交配，交配后约15天开始产卵。柑橘大实蝇可以多次产卵，而且在产卵上还很挑剔，甚至有点儿"迷信"风水学：比如说，它们喜欢在高处的橘园中产卵，所以一般位于山坡上高处的橘园受害更为严重；它们最喜欢的产卵对象是锦橙，脐橙次之，红橘最少；在甜橙上它们喜欢把卵产在果脐和果腰之

柠檬

间，在红橘上喜欢把卵产在近脐部，在柚子上则喜欢产在果蒂上。

那么，柑橘大实蝇是怎样进入到橘子内部的呢？故事说起来还有些曲折。雌性成虫通过长长的产卵器，将卵产于柑橘果实的果皮下近果瓣处或果瓣中，产卵处在果皮外形成一个小突起。突起周边略高，中心略凹陷，叫产卵痕。这种产卵痕在果实被害初期尤其明显，常常在它的周围发现透明的流胶。幼虫一般在7月中旬开始孵化，在8月中旬到9月上旬达到高峰。幼虫孵化后用口钩刺破果瓣，钻入果实之内，对着果肉和种子狼吞虎咽，使被害果未熟先黄，黄中带红，逐渐变软。10月份，大部分被蛀的橘子未熟先落。若果内虫少，果实虽不脱落，但已败絮其中，果瓣腐烂，失去了食用价值。柑橘大实蝇为害严重时，可造成果实大量脱落。所以，它给橘农造成了严重的经济损失，是柑橘的重要害虫之一。不过，故事还没有结束。橘肉内的幼虫老熟后随果实落地，有的甚至在落地前就钻出水果，掉到了地面上。一旦落地，幼虫很快就钻到土缝里"潜伏"起来，结茧变蛹，越冬后羽化成成虫，再次兴风作浪，就这样一代代循环下去。

危害健康的"凶神恶煞"?

柑橘里的一条小虫竟然掀起了这么大的风波,它真的像短信传言的那么可怕?或许下面的三问三答会解除你的部分疑惑。

1. 柑蛆有没有毒? 误食后对人体有没有伤害?

可以肯定地回答:柑蛆没有毒性,对人体健康也没有什么害处。从上面介绍的柑橘大实蝇的生活史我们可以看到:柑蛆的食物没有毒——它们只以橘肉为食,根本不可能摄入其他物质,更不用说有毒物质了;柑蛆的生活环境没有毒——一出生就蜗居在柑橘内,不可能接触到橘肉以外的环境,可以说它们几乎是在无毒的环境中长大的。对于这么一个挑食且喜欢"宅"在柑橘内部的小虫子来说,实在没有必要侧目而视。即使不小心误食了,只会心理上感觉不舒服,因为它们的身体成分无非就是蛋白质、脂肪之类的,对人体健康不会有妨碍。根据医学专家的意见,误食少量柑蛆不会产生什么问题,目前也没有导致疾病的医学报告。

2. 柑蛆会不会像苍蝇蚊子那样传播疾病?

说到蛆,大家会自然地联想到我们熟悉的家蝇的幼虫。家蝇可以说是"逐臭

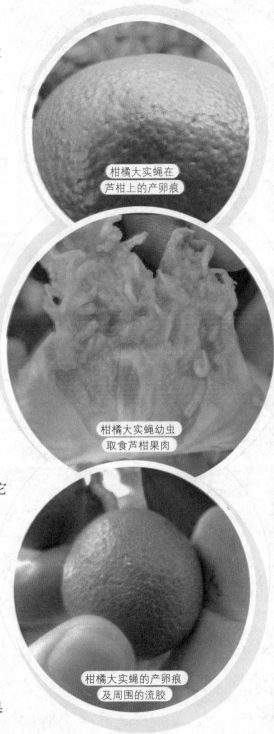

柑橘大实蝇在芦柑上的产卵痕

柑橘大实蝇幼虫取食芦柑果肉

柑橘大实蝇的产卵痕及周围的流胶

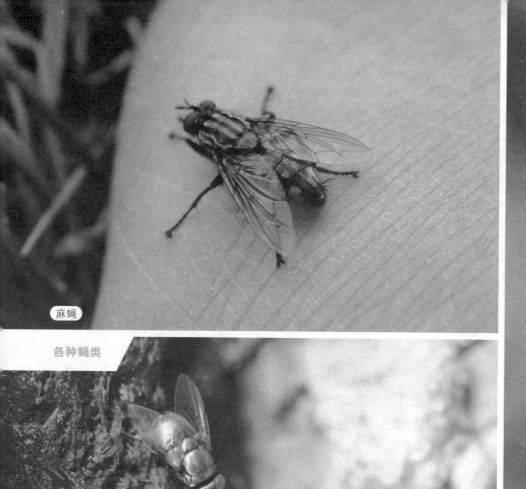

麻蝇

各种蝇类

丽蝇

美洲斑潜蝇

46

食蚜蝇

之夫",专门在肮脏的地方出现,在不干净的茅厕常看到蛆的身影,因此大家对蛆都有一种条件反射性的厌恶。其实,"蛆"是蝇类幼虫的统称,蝇类是个大家族,包括64个科,34000多种,如实蝇、食蚜蝇、寄蝇、果蝇、潜蝇等,我们熟悉的家蝇只是其中一种。蝇的种类不一样,生活习性也有很大不同,并不是每种蛆都是在肮脏的环境生长,携带细菌的。从上面的介绍我们可以看出,柑橘大实蝇的生活环境就和家蝇完全不同,所以不会像家蝇那样携带什么病原菌。柑橘大实蝇的幼虫只在柑橘内长大,成虫也是"不食人间烟火",吸风饮露,绝对不会跑到我们的餐桌上捣乱。它们只是一种和柑橘类的水果打交道的昆虫,除了柑橘,它们对其他种类的果树都没有影响,更不用说其他动物和人类了。所以柑橘大实蝇不会像苍蝇、蚊子那样传播人体疾病,也不会影响人体健康。

3. 柑蛆会不会寄生在人体内,造成人畜共患疾病?

这里面可能还有一个认识上的误区,看到"疫区疫情",我们就把这种植物界的疫情和人类疾病的疫情联系在了一起。事实上,柑橘大实蝇仅属于柑橘果品的寄生虫,不可能因为误食而进入人体寄生,所以根本不会造成人畜共

短信传言造成了柑橘的滞销

48

患疾病。

还有一个需要消费者了解的重要常识是：蛆橘进入市场的概率很低，很难被误食。原来，受到柑橘大实蝇为害后，柑橘很快就会变黄脱落，早落果是蛆橘的重要特点。脱落后的柑橘很快就会腐烂，根本不可能进入市场。因此，即使暴发柑橘大实蝇疫情的地区，虫害柑橘进入市场的概率也很低。偶尔有极少数隐藏在果肉中的幼虫，随着柑橘进入了市场，这部分蛆橘不仅数量很少，而且多数长了柑蛆的柑橘，里面的瓣被柑蛆吃过后，已经形成海绵状腐烂，有几瓣明显瘪下去了，一眼就能看出来，只有极少数仍能保持柑瓣完好，但也逃不过检查人员的眼睛。因此，误食的概率并不大。

柑橘大实蝇蛆果处理池

俗话说"井里的蛤蟆酱里的蛆"，菜叶上的青虫，大米里的米虫，都是人们司空见惯的现象，实在是再平常不过了。这些东西的确是很令人厌恶，但是它并未给人的身体健康造成危害。

柑橘产业的"职业杀手"

了解了这些科普知识，你可能会长舒一口气：柑橘大实蝇很难被误食，即使误食对人体也没有大碍。那么，柑橘大实蝇就不可怕了吗？答案是否定的。柑橘大实蝇有时真的很可怕，只不过它们的可怕之处不在于对人类误食造成的身体伤害，而是作为一种外来入侵的农业害虫，能对我国的柑橘产业造成非常大的危害。

作为农业部公布的"国内植物检疫对象和应施检疫的植物、植物产品名单"中的"国家级通缉犯"，柑橘大实蝇可不是那么好对付的。首先，被柑橘大实蝇为害的橘园会大量落果，果实受害率一般达

柑橘大实蝇幼虫为害造成的芦柑落果

20%～30%，最严重的地块会达到90%以上，严重影响柑橘的产量和品质，已成为柑橘生产上的第一大虫害。其次，一旦发生这种虫害，很难防治。柑橘大实蝇的卵和幼虫存在于果实内，蛹多在土壤3厘米以下，隐蔽性强，另外其成虫的飞翔能力很强，羽化之后大部分并不在果园逗留，而是分散钻入果园附近的杂树林里，这种"打一枪换一

个地方"的特点,决定了柑橘大实蝇防治非常困难,常规的化学农药喷洒根本不能达到防治的目的。而且,它的卵和幼虫可以随着果品运输远距离传播,柑蛆可随水流传播,越冬蛹也可随带土的苗木和包装物传播,所以控制难度非常大,很难根除。最后,"城门失火,殃及池鱼",发生柑橘大实蝇的疫情后,疫区果实不准外销,一般会连同没

橘子

有被害的果实就地销毁，会对柑橘产区的柑橘生产构成极大威胁，给果农造成巨大的经济损失。柑橘大实蝇主要发生在我国南方以及东南亚一带，对它的防控是一个世界性的难题。

更令它们猖獗的是，目前自然界中竟然没有一种专门的天敌来制衡它。目前仅知它的蛹期的天敌为一种卵孢白僵菌，成虫期为捕食性的蜘蛛等，此外，每年5～6月份在橘园偶有马蜂追捕柑橘大实蝇成虫的现象，10～11月份在房前屋后的庭院中也偶然会有家鸡啄食蛆果中的幼虫，但这些对柑橘大实蝇的种群都没有多少实际的控制作用。因此，科学工作者目前主要研究的防治方法是用糖醋液来诱集它的成虫，另外，利用辐照不育使柑橘大实蝇失去繁殖能力的方法也很有潜力。

柑橘大实蝇原产于日本九州，目前在国外分布于日本九州、琉球群岛的奄美大岛和越南、不丹、印度等地。在我国，它主要分布于四川、重庆、贵州、云南、广西、湖南、湖北、陕西、江苏、台湾等省（区）市。

柑橘大实蝇早在20世纪30年代就已经入侵我国，当时在四川的一些地方就曾有过柑橘大实蝇为害的报道，此后，在20世纪60～90年代，柑橘大实蝇的疫情在我国其他省份也有零星报道。柑橘大实蝇是通过怎样的途径入侵我国的？由于年代久远和相关史料的匮乏，我们暂时还不能了解得很详细，与之相似的还有另外几种柑橘类实蝇的入侵。例如，柑橘大实蝇的"小弟"橘小实蝇于1911年从日本入侵我国台湾，1934年在海南也出现了它们的身影；柑橘大实蝇的另一近亲——蜜柑大实蝇1956年在广西柑橘产区被发现，而这种昆虫原先生活在日本九州岛南部的野生橘林中。我国学

捕食性蜘蛛

者认为，虫卵或幼虫藏在进口的外国水果以及游客入境携带的水果的果肉中，在不知情的情况下被带进国内，是实蝇入侵我国的主要途径。因此，柑橘大实蝇最有可能是通过从国外进口的水果，被人们在无意间带入我国的。南方的湿热气候和大面积种植的橘园对柑橘大实蝇来说简直就是天堂，它们在这里迅速安家落户。由于一直缺乏有效的防治手段，使得它们的势力迅速扩张到南方的很多地方，成了劣迹斑斑的"钉子户"。由于它们严重的危害性，我国柑橘产区都将柑橘大实蝇作为重要防控对象，对它们"严防死守"。由于确保柑橘丰产关系到广大果农的切身利益，科技人员多年来也摸索出一些有效的防治措施，并建立了一套监测预报体系，尽量将柑橘大实蝇的危害控制在很小的范围内。

不过，近年来在一些柑橘的非主要产区，由于柑橘品种老化、管理粗放，种植柑橘的利润低，加上大部分青壮年外出打工，不少地方不再进行翻土、修枝等冬季清园，农药喷洒也不到位等，导致了柑橘大实蝇病虫害的暴发。过去一些好的措施，如联防联治，较难实施，导致实蝇为害有所抬头。因此，暴发"虫害"的真正根源在于管理的不到位，如果掉以轻心的话，本文开头所讲的在四川广元市旺苍县部分乡镇发生的柑橘大实蝇为害事件就很有可能重演。

因此，可以说柑橘大实蝇不可轻视，对它的防治仍然任重道远。

橘小实蝇

我们从这次风波中学到了什么？

沸沸扬扬的蛆橘风波，已经随着时间的推移，渐渐地淡出了大家的生活，橘子也不再是消费者排斥的对象了。风波过后，我们不得不思考这样一个问题：为什么一个农业生产中极为普通的对人体没有伤害的植物虫害问题，经过多种信息渠道的传播，竟演变为人们对食用柑橘产生了恐惧呢？消费者、媒体、橘农、管理部门从中又能学到什么呢？

作为消费者，我们应该树立正确的消费观，科学理性地看待食品安全问题，不要人云亦云。万一遇到虫橘，要用正确科学的方法处理。

食品安全问题已经成为当今的热点，人们越来越注重身体的保健和饮食的安全，这本来是社会的进步，不过前提是需要对相关的科学知识有一个大致的了解。随着消费者对有机食品的追

外来物种入侵的危害

外来物种成功入侵后，会压制或排挤本地物种，形成单一优势种群，危及本地物种的生存，导致生物多样性的丧失，破坏当地环境、自然景观及生态系统，威胁农林业生产和交通业、旅游业等，危害人体健康，给人类的经济、文化、社会等方面造成严重损失。

捧，在消费观上已经有了不小的进步，比如买菜时挑有虫眼的菜，因为这样的菜说明农药残留少。不管这个判断方法科学不科学，至少我们已经不是"谈虫色变"了。不过，如果我们在购买的橘子中发现了柑橘大实蝇的蛆虫，应该立即把它们踩死或碾碎，切不可随意扔掉，丢入地面、路边及溪沟河流，以防老熟幼虫入土化蛹越冬，人为地把这个物种传播到非疫区。而且，发现者最好能够及时向有关部门反映，或求得专家的帮助。

作为媒体，应该如实科学报道食品安全事件，避免反应过度、小题大做，我们普通消费者也不应该不加思考地推波助澜，以讹传讹。

以这次蛆橘风波为例，事件起因于一条短信，后来又经过各路媒体的渲染和转载，事情越闹越大。四川省农业厅不得不专门召开新闻发布会辟谣，并向省公安厅网管中心报案要求追查"谣言短信"的源头。国家农业部门也通报了"部分媒体对四川大实蝇疫情进行不实报道"的情况，要求各地进一步加强果品疫情防控。

发现柑橘生蛆后，人们立即奔走相告完全可以理解，毕竟在饮

橘子

食方面小心谨慎也很正常。但过分夸大柑蛆事件的影响范围,充分发挥戏剧天赋把蛆橘渲染得无比恐怖,有意无意地放大了对蛆虫的恐惧,就适得其反了。蛆橘事件使四川乃至全国的健康橘子都受到了牵连,使无辜的橘农蒙受了巨大损失。"谣言止于智者",广大消费者要做到不轻信、不传播谣言,了解一些基本的科普知识,多一点理性和宽容,科学地看待这类事件,才能让此类事件不再重复上演。

作为橘农,需要在上级有关部门的指导下,预防并随时监控害虫的发生,一旦发生,要用科学的方法进行防治。目前防治柑橘大实蝇的技术手段大体上可以分成两种,即人工防治与化学防治。在化学防治方面,可以利用柑橘大实蝇成虫产卵前有取食补充营养的生活习性,用糖酒醋液制成诱剂诱杀成虫,具体方法有喷雾法和挂罐法。在人工防治方面,可以在冬季清园翻耕,以此消灭土壤中越冬的蛹;利用受害果实提前变黄脱落的特点,及时摘除黄果和捡拾落果,并把这些带虫的柑橘集中深埋,用石灰或药剂彻底杀死。

此外,合理规划橘园也是一种有效防控柑橘大实蝇的方法。例如,根据柑橘大实蝇发生及危害的特点,橘农应该控制脐橙的种植面积,逐步淘汰蜜橘类的多年老品种,适度发展晚橙及杂柑。

柑橘大实蝇通过带幼虫的柑橘果实调运、市场销售、旅途食用以及蛆柑乱丢乱扔等途径进行远距离传播。成虫飞翔则可导致果园间近距离传播。

作为管理部门,在出现柑橘大实蝇疫情的时候要做到及时、迅速、高效、有序地进行应急处理,首先要及时发布疫情信息通告,保证公民的知情权,避免"谣言漫天飞"的情况出现,其次是立即采取有效的防控措施,避免疫情扩散,包括将树上成熟、未成熟的果实全部采摘,由政府统一收购,深埋、消毒,作无公害化处理,防止扩散。

同时,政府部门还要组织做好滞销柑橘的贮藏和销售工作,指导农户抓好产销衔接,积极帮助橘农联系客商、提供信息,解决产品滞销问题。

防治柑橘大实蝇不能等到疫情暴发后才想办法,更重要的是加强预防意识,未雨绸缪,尤其是加强宣传教育工作,加强对果农防疫意识的指导,建立起长效的防治机制。柑橘大实蝇的幼虫和蛹可随柑橘果实与有关物品的运销而远距离传播,因此一定要严禁从疫区调运带虫的果实、种子和带土的苗木。非调运不可时,有关部门应进行就地检疫,一旦发现蛆虫必须经有效处理后方可调运。

(李竹)

深度阅读

张国良,曹坳程,付卫东. 2010. **农业重大外来入侵生物应急防控技术指南**. 1-780. 科学出版社.

肖伏莲,林文力,龙建国等. 2010. **柑橘大实蝇防治技术研究进展**. 湖南农业科学, 2010(24): 32-33.

张青文,刘小侠. 2013. **农业入侵害虫的可持续治理**. 1-395. 中国农业大学出版社.

黑家鼠

Rattus rattus L.

科学发展到今天,人们已经深刻地认识到,灭鼠不等于"消灭老鼠",把鼠类"斩尽杀绝"是不可能的,也是不应该的。我们"灭鼠"的任务实际上应该是指有效地控制鼠害,从长远着手,保护老鼠的天敌,维护自然界的生态平衡。

横行无忌的"梁上君子"

广州是我国华南地区最大的都市，人口密集，建筑宏伟，经济发达。不过，每当广州进入潮湿温暖季节，很多住宅小区的老鼠们也开始大肆活动，搅得人们不得安宁。它们不仅在城中村一带横行，也在一些大型楼盘频频出没。

在许多小区业主的家里，厨房的纱窗被老鼠咬烂，给孩子准备的苹果也给啃掉了一半，花生、巧克力等零食弄撒了一地，女人都不敢再把装饰品直接摆放在梳妆台上……一位住在城中村的先生提起老鼠就怒不可遏。一天早晨，他正在洗脸时，竟然有一只硕大的老鼠明目张胆地从他面前大摇大摆地走过，夜里被老鼠吵得睡不着觉的他愤怒地抄起身旁的眼镜就砸了过去，被砸中的老鼠虽然"吱"的一声惨叫，飞逃而去，可惜他那副价值千元的眼镜也"报销"了。

"做饭的时候常常有老鼠从冰箱下跑出，餐桌上也有老鼠的脚印，有时出门回来，家中还会多出几颗令人恶心的老鼠屎！"业主们无奈地说，"与老鼠战斗已有多年，可它们依然和我们同在。"

广州气候温暖，适宜老鼠生存，它们在这里几乎全年均可繁殖。所以，广州的鼠害比北方的一些城市要严重得多。

同时，由于城市建筑格局的复杂化，适宜老鼠生存的隐蔽场所大大增加，老鼠的通道也越来越多。而市民消费结构的变化带来的城市垃圾成分的复杂化及处理得不合理，也给老鼠的泛滥提供了便利条件。

与我国北方不

越秀公园中的五羊雕塑是广州的象征

黑家鼠擅攀爬,经常在建筑物的顶楼、天花板等处出没,所以也叫屋顶鼠

同,南方除了褐家鼠、小家鼠、黄胸鼠等种类之外,在常见的害鼠名单中还有一种名叫黑家鼠的家伙。由于它擅攀爬,喜居阁楼等高处,经常在建筑物的顶楼、天花板、楼顶空间及横梁、悬垂构建物等处出没,所以也叫屋顶鼠。此外,它还有施氏鼠、黑鼠、家鼠、白腹鼠等名称。

黑家鼠Rattus rattus L.体形中等,体长15～21厘米,尾巴细长,甚至超过了体长。"尖"是它面部最明显的特征,不仅头尖、鼻子也很尖,耳朵大而尖,向前翻可遮住眼睛。虽然名字叫黑家鼠,但它的体色有黑色型和褐色型两种,黑色型背部毛近全黑,腹毛灰褐。褐色型背部毛色棕褐,腹毛淡黄色或牙白色。黑色型为典型的家栖鼠,野外很少;褐色型则主要栖息在野外。

黑家鼠喜欢在住房、粮仓的顶棚上、地板下、墙洞内、居室内壁间以及管道、槽沟等处打洞或做窝。它昼伏夜出,每夜活动两次,上、下半夜各一次。它的嗅觉、触觉等非常灵敏,常以胡须触壁而行,喜走旧路。性情机警,稍有惊扰就迅速逃走,"抱头鼠窜"。黑家鼠为杂食性,但以植物性食物为主,尤喜吃水分多、味道香甜的食物,如粮

黑家鼠标本

食、油料、蔬菜、杂草种子等，也啃咬家具等各种物体。每年约繁殖6胎，每胎3～10仔。

黑家鼠分布很广，但主要分布在南方地区，北方偶尔有见。它起源于欧洲，不过在古罗马时期就已经散布到西亚，现在主要生活于世界上较温暖的地带。目前，全世界的黑家鼠被分类学家划分为50余个亚种，见于我国的有4个亚种，其中2个亚种——欧洲屋顶鼠和埃及屋顶鼠均是由外轮带进来的，前者在福建、辽宁、台湾及上海等沿海省市有发现，后者主要分布在福建和上海。另外2个亚种的入侵途径目前尚不清楚，包括分布于云南、贵州、广西、广东、福建的斯氏屋顶鼠，和仅分布在海南的尖峰岭、五指山、乐东、琼中、白沙、东方、那大、水满、营根和江边等地的海南屋顶鼠。

黑家鼠能传播鼠疫、鼠型斑疹伤寒、恙虫病、钩端螺旋体病、蜱传回归热、沙门氏菌感染、弓形虫病等多种疾病，对人类危害极大。它还会给人类带来很多麻烦，如影响人们的休息，扰乱人们正常生活，在医院、宾馆、饭店等公共场所还会骚扰客人，有时可能造成很恶劣的影响。它的破坏力极强，常常会咬坏家中的窗、柜，偷食食物，糟蹋粮食，咬伤人畜。它会钻进各种缝隙，破坏电线和电缆，造成严重事故。有时，它还会影响轮船和飞机的正常航行，带来更大的危险。

灭鼠"神器"

人类和老鼠之间的恩怨历史悠久，争斗从未停息，可以说是互有胜负。人类用过和正在使用的方法多如牛毛，不胜枚举。最早的灭鼠法当然是沿用自然界的生物法则并加以利用。鼠类的天敌很

黄鼠狼

狐狸

蛇

多，主要有鹰、狐狸、蛇、猫头鹰、黄鼠狼等，它们都可以助人类一臂之力，成为人鼠大战中的奇兵。后来，人们希望能有一种可控性强的鼠类

猫头鹰

鹰

63

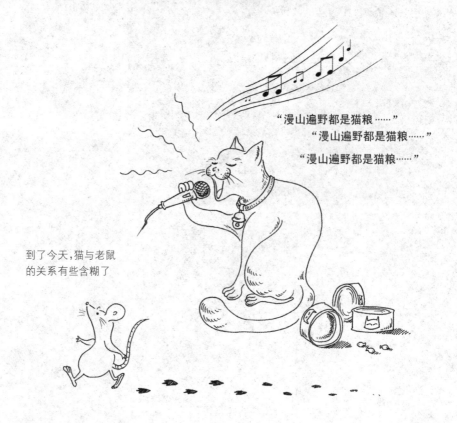

"漫山遍野都是猫粮……"
"漫山遍野都是猫粮……"
"漫山遍野都是猫粮……"

到了今天,猫与老鼠
的关系有些含糊了

天敌,以便帮助人类在旷日持久的战争中保持优势。因此,当人类把猫引入战争以后,局势为之一变。

"不管黑猫白猫,捉住老鼠就是好猫。"古人驯养家猫的主要目的就是为了灭鼠。据考证,家猫的祖先可追溯到公元前2500年左右的古埃及。当时的人们为了控制鼠患,保护谷仓,便驯养野猫作为他们的捕鼠帮手。由于它们的表现极为出色,当时的人们甚至将它们尊崇如圣兽。从此以后,猫捉老鼠就一直被人们认为是天经地义之事。不过,这些都是陈年旧事了。此一时,彼一时,到了今天,猫与老鼠的关系不仅有些含糊了,人们在报纸上还常常可以读到猫被老鼠撵得到处乱跑,甚至被咬伤、咬死的奇闻逸事。这些已经演变成睡席梦思、吃进口猫粮,名曰"咪咪"的宠物,每日养尊处优,被人们呵护有加,惰性日增,又何劳去捕食老鼠?况且,它们有可能又误认老鼠亦为主人所宠,化敌为友,又怎忍心捕捉呢?

从科学的角度来看,养猫捕鼠虽然较少对环境产生危害,但也存在弊端。首先,如果处理不当,猫的身上也有可能带上细菌或病

褐家鼠标本

黄胸鼠标本

毒;另外,猫有可能会把疫鼠带回家,增加了人类被感染的可能性。因此,养猫捕鼠只能作为一些特定环境下的一种辅助手段。

　　除了利用天敌制约鼠类之外,人类又充分发挥了高出老鼠一大截的智慧,使用各种器械灭鼠的方法便应运而生。这种方法其实也十分古老,甚至比养猫捕鼠的历史还要长。它具体的运用方式也比较多,像武侠小说里的功夫一样,一招有几式,每一式又分多少种变化等。这些方法推广得比较好,有群众基础,人们可以就地取材,自制自用,而且在一般情况下,不容易对人类和其他动物造成伤害。但是,老鼠在与人类的斗争中,也不断吸取教训,总结经验,因此人类想要把器械利用好也不是很容易,特别是同一种工具一般不适宜连续使用。如果一直使用同样的工具,同一族群的老鼠就会有所察觉,工具便会失效。同时,人们还要经常更换诱饵,最好集中大量捕鼠器械突击使用,并对捕到的老鼠及时妥善处理。最简单的器械灭鼠方法就是把诱饵放在小碗或酒杯下边,再把盆(碗)扣在小碗(杯)的外棱突上。当老鼠钻进盆(碗)下取食时,震动了碗(杯),盆(碗)顺势倒下,即可扣住老鼠。另外一个简单方法是圈套法,将若干细丝做成活

小家鼠

套,分别固定于墙基等老鼠常走的路线上。当老鼠习惯地沿墙根奔跑时,就会被套住,而且它越挣扎,圈套拉得就越紧。较为"现代"的器械类灭鼠工具有粘鼠贴、捕鼠夹和捕鼠笼等,均可设置在老鼠经常出没的较隐蔽处或其"必经之路"上。其中粘鼠贴一般只对小老鼠管用,对付大老鼠则最好使用捕鼠夹或捕鼠笼。

"水淹法"是以防御为主的一种器械灭鼠方式。在缸、坛、桶等容器上安装一个和容器口大小一样的有中轴的翻板,板上放饵料,再斜放一块从地面到容器口的木板,以便老鼠攀登。当老鼠登上容器口取饵料时,翻板被踏翻,使其落入容器中。由于缸、坛、桶等均有光滑的内壁和一定高度,它们就难以逃脱了。如果容器中再放上1/3深度的水,即可将老鼠们统统淹死。

在民间,人们还发明了一种刺杀类灭鼠装置,称为地箭。这是一种由弹簧拉起的锋利铁制刺杆,固定在木板或支架上,设置在老鼠洞外。当老鼠出洞时,触动固定刺杆的机关,刺杆迅速刺下,就将老鼠刺死。

杂草种子也是黑家鼠的食物

糯米　蚕豆　高粱　小麦

黑家鼠的食物

现代化的器械类灭鼠工具采用了电击的方式,目前已研制出多种电子捕鼠器。使用时选择老鼠经常活动的场所,在距离地面2.5～4厘米高度拉上裸线网。当老鼠触动电网时,即被电击而死。电网应离鼠洞稍远,以免惊动其他老鼠。捕鼠器上通常设有音响或显示器,捕杀到老鼠时,即发出声音信号,便于人们及时处理死鼠。

我们通过轮番上场的各种捕鼠工具不难看出,人鼠大战无比激烈。从表面上看,老鼠一直处于被压制状态,但是人类至今还没有把老鼠捕捉干净,所以鹿死谁手,尚未可知。

说不尽的"老鼠药"

由于种种灭鼠"神器"均不能将老鼠"一网打尽",人类就使出了撒手锏——"老鼠药"。从古到今,人们恨不得把各种"毒药"都让老鼠品尝一遍,尤其喜欢看到那些"立竿见影"的效果。

现在,科学家把"老鼠药"分为急性灭鼠药和慢性灭鼠药两大

芹菜

小白菜

菜花

茄子

类。使用急性灭鼠药简单方便，效果好，见效快，又经济，但后果却十分严重，可以说是"伤敌一千，自损八百"。它不仅易被人或家禽、家畜及各种野生动物等误食后中毒，而且会发生二次中毒现象，即老鼠的天敌如猫、狗、蛇、猛禽等吃了死鼠后，亦会中毒死亡。急性灭鼠药如果被不法分子掌握，成为他们作案的工具，更是十分危险。

使用急性灭鼠药最著名的案例就是20世纪90年代流行的"邱氏鼠药"。河北省无极县的"灭鼠大王"邱满囤是当时名噪一时的民间灭鼠专家。他研制出的"邱式鼠药"令人震惊：老鼠吃后瞬间便把嘴"麻住"，然后抽搐、满地打滚，几分钟或几个小时后便毒发身亡。事实上，"邱氏鼠药"的主要成分中含有氟乙酰胺，这是一种世界各国都明令禁止使用的急性毒药。在"邱氏鼠药"大行其道的地方，"中招"的野生鸟类和老鼠天敌大量死亡的现象比比皆是。更为严重的是，吃了这种急性毒药而死的老鼠腐烂后，尸体中所含的氟乙酰胺可以被草吸收，然后被牛吃，人再吃牛肉，也会引起中毒，

黑家鼠的食物——蔬菜

甚至死亡。因此,"邱氏鼠药"一旦得到广泛使用,对环境的破坏不堪设想。

我国科学家从"邱式鼠药"一出现就发现了它的弊端,因此不断通过媒体提出批评,呼吁禁止使用"邱氏鼠药"。为此,邱满囤向北京市海淀区人民法院起诉汪诚信等5位科学家侵犯他的名誉权,并且居然取得了一审胜诉。这样的判决结果也在社会上引发了一场"维护科学尊严"的大讨论。最终,北京市中级人民法院纠正了一审的判决结果,改判5位科学家胜诉,维护了法律的尊严,也维护了科学的尊严。

在与人类的斗争中处于弱势但不是劣势的老鼠,具有强烈的种群意识,一个"家族"乃至一个"巢区"的老鼠,常常同走一条"鼠道",同吃一种共同认可的食物,过着按需分配的"共产主义"生活,这就最大限度地避免了"贫困老鼠"贪食毒饵的莽撞行为。老鼠疑心很大,对新食物的反应相当敏感,往往经过多次试探之后才有个别老鼠去"尝食",而它一旦中了人类的"诡计",中毒的老鼠死前会很痛苦,出现抽筋、狂奔乱跑等异常症状,这就等于向周围的同类发出了"信息警告",使它们警惕起来。受过教训的老鼠不仅不会再轻易上当,而且能把对新食物的谨慎

黑家鼠的食物——油料作物

传给下一代，就如同人类叮嘱小宝贝"不要跟陌生人说话"一样。

据科学家分析，倘若使用"邱氏鼠药"，灭鼠率最多也只有70%左右，但剩下的30%却都成为了老鼠中的"精英"，其结果相当于是为老鼠进行了一次"优生优育"活动。而老鼠的繁殖力极其惊人，不到一年，就又会恢复到投放鼠药前的程度。不同的是，经过了这次短兵相接之后，"邱氏鼠药"的作用就大打折扣了。

从科学的角度来说，对灭鼠药的选择主要是看几个方面：首先就是药的毒力，不同的药对不同种类的老鼠效力不同，致死量也不同，其效力还受食物的状态、周围的温度、药的纯度等因素的影响；其次就是适口性，也称为接受性，老鼠类的味觉非常敏锐，合格的适口

性是要求能不被老鼠所察觉,或是被它察觉了但并不讨厌;最后就是老鼠是否会产生耐药性和抗药性。因此,专家建议,在灭鼠中最好采用老鼠中毒后在三四天内死亡的慢性灭鼠药,而且灭鼠药的种类要经常更换。慢性灭鼠药有两个突出的优点。一是灭鼠药对老鼠的适用性好,用量又低,老鼠能接受,不易察觉;二是作用慢且平稳,老鼠吃了后慢慢内出血,几天后才死去,不易引起其他老鼠的警觉。那些未尝毒饵的老鼠,看到同伴吃过毒饵后没发生危险,就会跟着去吃,等发现上当则为时已晚。

此外,使用灭鼠药应特别小心,保管、投放都应由专人负责。

田间的粮食作物是黑家鼠的美食

外来入侵物种的特点

外来入侵物种主要表现在"三强"。

一是生态适应能力强，辐射范围广，有很强的抗逆性。有的能以某种方式适应干旱、低温、污染等不利条件，一旦条件适合就开始大量滋生。

二是繁殖能力强，能够产生大量的后代或种子，或世代短，特别是能通过无性繁殖或孤雌生殖等方式，在不利条件下产生大量后代。

三是传播能力强，有适合通过媒介传播的种子或繁殖体，能够迅速大量传播。有的植物种子非常小，可以随风和流水传播到很远的地方；有的种子可以通过鸟类和其他动物远距离传播；有的物种因外观美丽或具有经济价值，而常常被人类有意地传播；有的物种则与人类的生活和工作关系紧密，很容易通过人类活动被无意传播。

船舶是黑家鼠扩散的工具之一

科学灭鼠

提起老鼠，人们无不深恶痛绝。的确，老鼠太可怕了，几乎无时不刻不与人类为敌。它们传播病毒与瘟疫，严重危害人类的健康与生命；它们肆意侵吞人类的劳动果实，破坏自然环境，制造种种恶作剧和事故灾难，搅得人们日夜不得安宁。老鼠对人类的破坏已经到了登峰造极的地步，可以说已无法用金钱来估算其给人类带来的损失。

因此，我们要正视这个从未被彻底击败的对手。它的长久存在，必然会对我们的生活产生影响。鼠害是社会文明程度的衡量标准之一。试想一下，城市里老鼠满地跑，五星级饭店的客房有老鼠活动，宾客的衣服被老鼠咬破，旅游者晚上取下的假牙被老鼠拖走，尤其是在食品里发现老鼠粪便等，都是无丝毫文明可言的。因此，像广州这样一个美丽、整洁、文明的国际化大都市，绝不可小视老鼠的危害，要尽全力去灭鼠。

上面提到了很多种灭鼠的方法，这些方法各有利弊，但可以肯定的是，没有一种方法适用

猫

于所有的场合，而且同一种方法也不适合在同一地区长期使用。总之，各种方法均有长处和不足，因此需要针对具体情况来选用最合适的方法，充分扬长避短，互为补充。

以我国现在的情况来看，灭鼠活动需要的是政府行为、市场运作和群众的配合同时进行，共同发挥作用。严密的组织是保证灭鼠技术方案贯彻、生效的基础，尤其是大面积灭鼠，可以说是一件社会性的工作，必须得到各有关部门和广大群众的支持和参与。

目前，全国各地每年都要搞几次大规模集中灭鼠活动，主要在春、秋两季。由于大多数地区采取行政手段落实灭鼠措施，致使这样的集中灭鼠活动都有所成效，但仍有许多因素在困扰灭鼠活动的深入开展。

大面积灭鼠的成功与否，加强组织管理，提高投药覆盖率和到位率是很重要的环节。灭鼠方法再好，如果管理不当，投药覆盖面积不够，投药不到位，也就发挥不了作用，正如人们常说的"扫帚不到，灰尘照例不会自己跑掉"。如果覆盖率100%可以消灭90%以上的老鼠，那么覆盖率80%只能有70%的效果，覆盖章50%则只可能有30%的效果。灭鼠的彻底性是相对的，因此，在灭鼠中要力求打歼

小型捕鼠器

大型捕鼠器

鼠盒

捕鼠夹

捕鼠工具

灭战。灭鼠活动对老鼠的种群来说也是一次选择，一次淘汰。如果我们只灭掉了30%～50%的老鼠，只把警惕性不高、呆头呆脑和老弱病残的老鼠消灭掉，实际上等于给老鼠"间苗"，让老鼠种群更健康、更繁荣。因此，灭鼠要尽可能打歼灭战，消灭其有生力量，不要打消耗战。《孙子兵法》也说"兵贵胜，不贵久"。用兵作战贵在速胜，最不宜的是旷日持久。在选好灭鼠毒饵后，要尽力为老鼠吃到、吃够这些毒饵创造条件，要将毒饵覆盖在老鼠活动的所有地方，投放量要充足。不少地区灭鼠不利的原因，主要是毒饵使用不认真、不合理，覆盖面和到位率低所致，一些地区和单位只投室内，不顾室外环境、

粘鼠板

下水道、公共场所等,给老鼠提供了避难所和繁殖基地。

人类在与老鼠的持续斗争中,不仅提高了战术素养,还提高了思想认识。科学发展到今天,人们已经深刻地认识到,灭鼠不等于"消灭老鼠",把鼠类"斩尽杀绝"是不可能的,也是不应该的,因为鼠类也是整个生态系统中食物链的一环,大多数鼠类都是其天敌的主要食物,如果将其灭尽就会破坏生态平

黑家鼠标本

衡。老鼠只有在形成一定密度之后才能造成危害,只要将其种群控制在一定的密度之下,便不会形成危害。所以,"灭鼠"的任务实际上应该是指有效地控制鼠害,想方设法地消灭鼠类中的过剩部分,使鼠害不再影响人类的正常生活。如果不以科学指导而去盲目灭杀,在巨大的投入之后只能是劳而无功。我们必须重视生态灭鼠的方法,从长远着手,保护老鼠的天敌,并约束人类自身行为,维护自然界的生态平衡。

(张昌盛)

深度阅读

徐海根,强胜,韩正敏等. 2004. 中国外来入侵物种的分布与传入路径分析. 生物多样性, 12(6): 626-638.

徐正浩,陈为民. 2008. 杭州地区外来入侵生物的鉴别特征及防治. 1-189. 浙江大学出版社.

徐海根,强胜. 2011. 中国外来入侵生物. 1-684. 科学出版社.

马铃薯甲虫

Leptinotarsa decemlineata (Say)

　　由于我国政府的大力支持和科技工作者、农业生产者的不懈努力，目前仍然将马铃薯甲虫牢牢地控制在新疆范围内，没有向外蔓延，为人们最终战胜这一世界性检疫性害虫奠定了坚实的基础。

马铃薯块茎

马铃薯的劲敌

　　地蛋、番鬼慈薯、山药蛋、土豆……谁会起这么土里土气的名字？其实，这些都是马铃薯的"艺名"。马铃薯这种粮食作物的"大名"，最早见于康熙年间的《松溪县志食货》。不过，我国各地人民根据马铃薯的来源、性味和形态，给它起了许多有趣的俗名。例如：它在山东鲁南地区（滕州一带）叫地蛋，在云南、贵州一带称作洋芋或洋山芋，在广西被叫作番鬼慈薯，在山西称为山药蛋，在安徽的部分地区叫地瓜，在东北三省，可能是因为它长在土壤中的圆形块茎形状像豆子，所以都称其为土豆。现在，我国的马铃薯产量已经在世界上居第一位。

　　除了拥有众多俗得掉渣的"艺名"外，马铃薯还有许多鲜为人知的秘密。

　　马铃薯是人们熟知的世界四大粮食作物之一。不过，它和其他三大作物不同——水稻、小麦和玉米作为粮食作物，收获的都是果实和种子，是其繁殖器官，而马铃薯收获的却是它的地下块茎——这是它的营养器官。

正因为如此,对于田地中生长的马铃薯植株来说,熟悉的人就不是很多了。马铃薯是隶属于茄科茄属的一年生草本植物,人工栽培最早可追溯到大约公元前8000年到公元前5000年的秘鲁南部地区。马铃薯植株高大,约为30~80厘米,无毛或被疏柔毛。它的茎分地上茎和地下茎两部分。目前,世界上的马铃薯总共有几千个品种,有含淀粉比例较高,适合作为主食的,也有适合作为蔬菜食用的。它的形态多种多样,其地下块茎有圆形、卵形和椭圆形,其皮色有红色、黄色、白色和紫色等。马铃薯的花色泽也很丰富,根据不同的品种,有白色、红色、紫色等。据说,在16世纪中期,马铃薯被一个西班牙殖民者从南美洲带到欧洲时,人们并没有把它当作食物,而主要是欣赏它美丽的花朵,并用来作装饰品。17世纪,马铃薯已经成为欧洲的重要粮食作物,并且传播到了中国。由于它非常适应在原来粮食产量极低,只能生长莜麦(裸燕麦)的高寒地区生长,所以很快在我国华北、西北一带普及,对当时我国人口的迅速增长起到了重要的促进作用。

不过,马铃薯也存在自身的弱点,那就是它最易感染病害。它的病害主要有四大类,第一是真菌病,包括晚疫病、疮痂病、早疫病等;第二是细菌病,包括环腐病、青枯病等;第三是病毒病,包括花叶病、卷叶病、类病毒病以及支原体病害等;第四是虫害,包括块茎蛾、线虫、蚜虫、28星瓢虫、地老虎和蛴螬等。

马铃薯甲虫原产于美国

正当人们投入大量人力物力，为防治马铃薯的各种病害绞尽脑汁的时候，一种世界公认的马铃薯等茄科植物的毁灭性检疫害虫——马铃薯甲虫，于1993年5月在我国新疆维吾尔自治区靠近中国—哈萨克斯坦边境的伊犁地区和塔城地区首次被发现。后来，它又逐渐扩散到阿勒泰、博乐、奎屯、石河子、昌吉、巴音郭楞和乌鲁木齐等地的广大地区。

　　马铃薯甲虫*Leptinotarsa decemlineata* (Say) 又称马铃薯叶甲、蔬菜花斑虫，隶属于鞘翅目叶甲科。它的成虫和幼虫均能为害，一般可造成马铃薯减产40%以上，严重时可减产90%，因此被列入我国《全国农业植物检疫性有害生物名单》和《中华人民共和国进境植物检疫性有害生物名录》。

　　与马铃薯一样，马铃薯甲虫也是舶来品。它原产于美国，1811年在密西西比河上游的一种植物上第一次被人们采集到，1819～1820

年在衣阿华州和内布拉斯加州边界处的落基山脉也出现了它的踪迹。不过，除了昆虫分类学家外，人们最初对它并不感兴趣。直到1857年，人们发现它严重为害马铃薯时，才逐渐关注到它。

由于马铃薯甲虫成虫具有迁飞能力强、繁殖率高以及兼性滞育等近乎完美的生存策略和生物学特性，加之人为因素的影响，导致其迅速由美国向北美洲大陆各地迅速扩散，扩散速度达每年185千米。后来，它又扩散到欧洲和亚洲的许多国家，将其分布范围扩大了近100倍。1920年，马铃薯甲虫传入西欧后，就在除英国外的广大地区很好地定居下来，并以每年大约100千米的速度向东扩散。1949年以后，它已经蔓延到俄罗斯、乌克兰、哈萨克斯坦等地。而且，在20世纪70年代末传入土耳其和叙利亚后，马铃薯甲虫也一直向东扩散。

马铃薯甲虫在东欧的扩散过程中，还发生了一件有趣的事。1950年5月的一天，当时的民主德国（东德）的一个村庄上空有两架美国飞机掠过。次日一大早，当地的农民推开屋门，就被眼前的景象吓了一跳：一夜之间田地里爬满了正在啃食马铃薯的马铃薯甲虫！由此，一场"反击敌人阴谋破坏，捍卫农业生产成果"的运动，席卷了东德全境。

柏林墙是当年分割东柏林和西柏林的界线，它们分属东德和西德

在由东德政府印发的传单、海报中，马铃薯甲虫被描绘成"穿着美军靴子，戴着美军头盔的微型士兵"

在由东德政府印发的传单、海报中，马铃薯甲虫被拟人化处理，甚至被描绘成"穿着美军靴子，戴着美军头盔的微型士兵"；由于其甲壳上具有类似美国国旗的条纹，更被赋予了"美国佬甲虫"的诨号，仿佛随时都会长出一张张"山姆大叔"的面孔。

东德为什么这么大张旗鼓地宣传呢？原来，东德是马铃薯的生产和消费大国。所以，面对虫害，东德政府如临大敌。

但是，苦于缺少高效的防治手段，东德除了高调的宣传攻势外，只能使出"人海战术"抵挡。

形势最紧急时，孩子们也被要求加入这场"人虫大战"——中小学生一放学，就被派到田间地头去捉"虫子"。

眼见"甲虫大军"来势汹汹，原本就缺乏心理准备和物质准备的东德政府，自然不在乎以最坏的恶意揣测这些不速之客的来历——是美国飞机空投了马铃薯甲虫，蓄意破坏当地的农业生产，从而打击作为社会主义阵营一分子的东德的战后重建。有了这样的认知背景，加上当局的宣传机器全力运作，东德百姓深信，美国就是这场虫灾的幕后黑手，因此对"美帝国主义"更加痛恨得咬牙切齿。

现在看来，此事更像是冷战初期的一幕荒诞剧，但马铃薯甲虫给人们造成的危害和恐慌则可见一斑。看来，马铃薯遇到了劲敌。

超强的本领

马铃薯甲虫成虫体长为9～12毫米，体宽6～7毫米，身体呈椭圆形。雌虫背面隆起，雄虫小于雌虫，背面稍平。鞘翅上各有5条黑色条纹，左右翅接合处构成1条黑色斑纹。卵为椭圆形，顶部钝尖，产于叶片背面,呈块状。幼虫共蜕皮3次,有4个龄期,从卵至成虫羽化出土平均历期为33.5天。

马铃薯甲虫1年可发生1~3代,以2代为主。一般越冬代成虫于5月上中旬出土,随后转移至野生寄主植物取食和为害早播马铃薯。由于越冬成虫越冬入土前进行了交配,因此,越冬后雌成虫不论是否交配,取食马铃薯叶片后均可产卵。马铃薯甲虫成虫喜欢湿润的土壤,在土壤下7~13厘米处越冬。在马铃薯生长期可以在田间见到各个虫态的马铃薯甲虫。

正在取食的马铃薯甲虫

马铃薯甲虫成虫的寿命平均为12~14个月,在有水、无食物条件下,可耐饥11个月。越冬后的成虫爬行或飞行找到寄主,取食叶片。5~10天后,成虫开始产卵,卵量最多达4000余粒,并以20~60粒

不同虫态的马铃薯甲虫

马铃薯甲虫正在为害马铃薯

的卵块为单位,将卵产于寄主植株下部的嫩叶背面,偶产于叶表和田间各种杂草的茎叶上。新孵化的幼虫马上取食叶片,需发育10~20天,经4龄后老熟。老熟幼虫停止进食,落入土中做穴化蛹,进入前蛹期。10天后,成虫从土壤中羽化,爬向最近的寄主并开始取食。成虫补充食物后,或交配产生下一代,或迁飞,或进入滞育。马铃薯甲虫成虫常反复交配,雌成虫可以在滞育前交配,也可在滞育后交配。在合适的条件下,其虫口密度往往急剧增长,即使在卵的死亡率为90%的情况下,若不加以防治,一对雌雄个体5年之后仍可产生1.1×10^{12}

被马铃薯甲虫为害的马铃薯

个后代。

越冬成虫出土期与气温和土壤湿度关系密切,低温低湿会抑制它的出土过程。成虫具假死习性,受惊后易从植株上落下。成虫羽化出土即开始取食,3～5天后鞘翅变硬,并开始交配,未取食者鞘翅始终不能硬化和进行交配,数天内便死亡。马铃薯甲虫成虫性比基本为1:1,雌虫略占多数,成虫交配2～3天后即可产卵,产卵期内可多次交配。马铃薯甲虫的繁殖能力很强,在严重入侵的地块,一平方米土壤上曾发现成虫714头。

茄子 辣椒 番茄

马铃薯甲虫的寄主

　　马铃薯甲虫有三种飞行方式：第一种是小范围的低空琐细飞行，主要在田块内或田块附近，大多围绕植株的顶部，飞行方向不受气流影响，为自主飞行，距离一般为几米至数百米，高度不超过20米，可持续多次进行；第二种是高空非自主迁飞，飞行距离一次可超过1000米，高度可超过50米，方向与气流方向一致，距离与气流强度成正比，多发生于滞育出土后成虫寻找新的寄主田阶段；第三种是由于温度和日照强度的刺激而发生的长距离迁飞，主要发生在越冬后成虫迁入寄主田阶段。

龙葵

温度对马铃薯甲虫的飞行能力影响较大。马铃薯甲虫在气温低于20℃时不飞行，超过22℃时飞行活跃，飞行高峰在22～28℃，超过35℃时，成虫飞行活动停止，并很快出现死亡现象。在较强的太阳光线下，成虫的飞行活动较频繁，而且光照强度越强飞行越活跃。越冬后的马铃薯甲虫飞行能力最强，第二代马铃薯甲虫飞行能力最弱。

唯一值得庆幸的是，马铃薯甲虫的寄主范围相对较窄，主要包括茄科20多个种，多为茄属的植物，最适寄主是马铃薯、茄子，其次是番茄、辣椒、烟草等作物，还可取食天仙子、龙葵、曼陀罗属植物等。

不过,马铃薯甲虫低龄幼虫有聚集为害的特点,大龄幼虫还可以直接取食幼嫩的马铃薯地下块茎,给生产造成严重的经济损失。马铃薯甲虫的成幼虫均取食马铃薯叶片、嫩茎、花蕾和叶芽,通常将叶片取食成缺刻状;为害严重时,叶片被吃光、茎被取食成光秃状,造成绝产。而且,马铃薯甲虫还能传播马铃薯其他病害,如褐斑病、环腐病等。此外,马铃薯甲虫取食马铃薯叶片后,将导致马铃薯块茎中配糖生物碱浓度显著增加,食用这样的马铃薯块茎将会对人体健康构成威胁。

防范不可松懈

马铃薯甲虫的传播历史表明,在100多年间,它从默默无闻到成为马铃薯世界性害虫主要原因有三个。其一,寄主的转变导致了该

虫分布区的迅速扩大；其二，人类活动帮助其克服地理屏障，在不同的大陆分布；其三，马铃薯甲虫不断地侵入、适应、定居在新的地区，这说明其具有极其不同寻常的生理、生态适应能力。

我国的防治形势很不乐观，因为我国大部分地区都是马铃薯甲虫的适生地。科学家通过相关模型分析认为，我国辽宁、河北、山东、陕西、山西、宁夏、贵州、新疆、甘肃、内蒙古、黑龙江、吉林、四川、云南等14个省区的大部分区域都适宜马铃薯甲虫生存；青海、重庆、湖北等3个省市的局部地区也适宜马铃薯甲虫分布；全国80%左右的马铃薯种植区域存在马铃薯甲虫严重危害的威胁。马铃薯甲虫极有可能沿着新疆—甘肃河西走廊方向逐渐向东扩散，入侵我国其他地区。同时，我国黑龙江省也是非常危险的区域，马铃薯甲虫有可能从俄罗斯滨海地区入侵我国黑龙江、吉林等省。目前，马铃薯甲虫已蔓

黑龙江：对岸就是俄罗斯

防控马铃薯甲虫需要在疫区和非疫区的界线上严防死守

延到俄罗斯滨海地区西南部,距吉林珲春不足100千米。近年来,我国检疫部门通过口岸检疫截获马铃薯甲虫的频率在逐步增加。由此可见,我国马铃薯甲虫的防控形势十分严峻。如果不加以预防,马铃薯甲虫随时有可能蔓延至全国,给我国的马铃薯等茄科作物的生产带来重大灾难。

马铃薯甲虫的传播途径很多。它可以随其寄主植物马铃薯以及原木、小麦、苹果、胡萝卜、蔬菜等其他货物传播,还可以通过船舶、车辆等运输工具,以及集装箱、包装材料等,从其发生地传播到非疫区。此外,还可通过气流(风)、水流以及成虫本身所具有的长距离飞行能力,作远距离的传播。

鉴于马铃薯甲虫的危险性和极强的入侵性,马铃薯甲虫防控的关键是严格执行调运检疫程序,加强疫情监测。严禁从疫情发生区或发生国家调运马铃薯块茎、活体植株及其副产品,对疫区调出的水果、蔬菜等农产品尤其是茄科寄主植物,以及包装材料等,按照调运检疫程序严格把关,必要时按规程进行除害处理,防止马铃薯甲虫的传出和扩散蔓延；如果发现马铃薯甲虫活虫需应用溴甲烷进行熏蒸处理。在我国马铃薯甲虫高风险区和潜在风险区更要加强马铃薯甲虫的监测和封锁，严防其进一步扩散，确保我国马铃薯生产安全。

加强马铃薯甲虫在我国适生地的预测预报工作也非常重要。这样就可以准确判断马铃薯甲虫适生地的范围，提早加强防范检测工作，切断它的各种传播途径，做好高危适生地区的检疫防控工作。通过大田普查，划定疫情发生区域和非发生区域，在疫情发生区域的边缘种植非茄科作物作为隔离带，这些工作都可以控制马铃薯甲虫的传播和蔓延。

在寄主植物如马铃薯、茄子等种植较多且集中连片的区域，应该建立虫情监测点，进行"四定一查"，即定调查人员、定调查地块、定调查时间、定调查对象，开展系统调查，监测疫情动态，及时发布预测预报，积极组织防治。

战斗正未有穷期

目前，对于马铃薯甲虫的防治仍以化学防治为主。马铃薯甲虫的为害，导致了在农作物上第一次大规模地施用化学农药，而它的成功又迅速地刺激了化学农药在其他作物上的广泛应用。但是，一代又一代的农业

甲虫

甲虫是鞘翅目昆虫的通称。它们体躯坚硬，特别是前翅角质化，合拢时盖在胸部和腹部背面，状似古代武士所披的甲胄，可以保护甲虫的身体。因此，这一类昆虫得到了极大的发展，目前全世界已知达35万种以上，占昆虫总种数的40%左右，为昆虫纲的第一大目，同时也是农业上最重要的昆虫类群之一。

甲虫种类繁多，分布广泛。多数种类是陆生，生活于植物上或地面上，有些种类生活于土壤中，均具有相适应的构造，如金龟子类具有开掘的前足，粪金龟类的头与前胸形如推土机，适于推土打洞，金针虫类具有细长的身体，便利于在土中行动；还有一部分是水生昆虫，如龙虱类有流线型的身体、适于游泳的后足和特别的呼吸方法，凡此种种，都是它们长期对生活环境适应的结果。

生产者依靠这种单一的措施来防治马铃薯甲虫及其他一些害虫,造成了极为严重的负面影响,使人类的健康受到威胁,生态环境受到破坏。

马铃薯甲虫被认为是世界上抗药性发生最为严重的害虫之一。大量多次的农药使用致使马铃薯甲虫抗药性快速产生。马铃薯甲虫传入我国不足20年,但马铃薯甲虫抗药性水平却发展很快,化学防治效果不断下降。

为了有效控制马铃薯甲虫为害,遏制其进一步扩散和传播,我国科技工作者对马铃薯甲虫防控技术开展了持续的研究,特别是生物防治技术研究和应用获得了重要进展,取得了一批具有世界先进水平的研究成果。

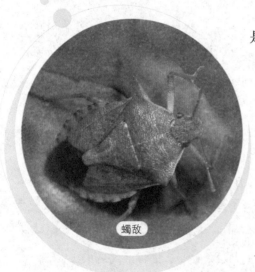

蝽敌

马铃薯甲虫的天敌主要有两大类,一类是捕食性天敌,如二点益蝽、斑腹刺益蝽、十二星瓢虫、步甲、草蛉、具斑食蚜瓢虫等;另一类是寄生性天敌,如寄蝇、寡节小蜂等。其中二点益蝽是广谱性的捕食性天敌,而斑腹刺益蝽则是专化性的捕食性天敌,它们都是马铃薯甲虫最重要的天敌昆虫。二点益蝽分布于加拿大、美国和墨西哥。在加拿大分布区的北部,一年发生2代,在美国一年发生2~3代,以滞育成虫在落叶下、篱笆及墙壁缝隙和土壤裂缝内越冬。二点益蝽1龄幼虫仅取食植物汁液,完全不需要动物性食物;2龄幼虫可取食7~8粒马铃薯甲虫卵;末龄幼虫食量最大,可取食马铃薯甲虫卵150~180粒,占幼虫期总食卵量的70%。斑腹刺益蝽广泛分布于北美洲,从加拿大东南部至墨西哥南部均有分布,是一种活跃的捕食性天敌。斑腹刺益蝽雌虫平均产卵200~300粒,它比二点益蝽更贪食,新羽化的成虫一昼夜平均捕食72粒马铃薯甲虫卵或12头马铃薯甲虫的4龄幼虫。由于对不同气候条件的适应力强,因此,斑腹刺益蝽很有应用前途。

此外，我国科学家对马铃薯甲虫的天敌资源调查研究后发现，新疆马铃薯甲虫发生区马铃薯甲虫天敌有46种，其中昆虫类天敌有25种，蜘蛛类有21种。主要捕食性天敌种类包括中华草蛉、蓝蝽、多异瓢虫、蝎敌、中华长腿胡蜂、苜蓿盲蝽、牧草盲蝽、华姬蝽、原姬蝽、草间小黑蛛、草皮逍遥蛛和皿蛛等。同时，科学家对中华草蛉各龄幼虫、蓝蝽成虫和苜蓿盲蝽成虫对马铃薯甲虫卵或1～3龄幼虫的捕食效应进行了评价。这些研究工作对有效利用自然天敌控制马铃薯甲虫为害奠定了基础。

在生物防治的过程中，人们还利用病原微生物进行防治，其中应用最多的就是球孢白僵菌和苏云金杆菌。另外还人工合成一种色素杆菌分泌的毒素，进行拌种或者土壤处理，可对马铃薯甲虫进行有效的毒杀防治。

此外，其他昆虫病原真菌，包括轮枝菌、绿僵菌、镰刀菌、木霉菌等也有一定的致病性。

引诱剂的主要化学成分为影响昆虫行为的化学信号物质，包括植物挥发物——主要为寄主植物所挥发的物质，和昆虫产生的信息素——主要包括性信息素和聚集素。引诱剂作为一种替代化学农药或辅助化学农药防治效果的防治药剂，目前已被广泛应用于影响害虫交配、寄主选择以及初期害虫种群数量的控制和监测上。科学家经过研究发现，在拟除虫菊酯中加入一种由3种植物挥发物所构成的引诱剂，可以作为一种诱杀剂对马铃薯甲虫起到很好的防治作用。龙葵是马铃薯甲虫的一种野生寄主植物，其雌虫特别喜欢在龙葵上产卵，但是由于龙葵不能支持其幼虫的生长发育，因此，人们可以将龙葵作为其引诱植物应用于马铃薯甲虫的防治。楝树中的有效成分印楝素是马铃薯甲虫的一

多异瓢虫

小麦

玉米

可以与马铃薯轮作的农作物

种拒食剂,可诱导幼虫畸形、削弱成虫生殖力、增加其死亡率等。此外,用于防治马铃薯蚜虫的吡蚜酮能刺激马铃薯甲虫幼虫离开施药植物,降低其种群密度,从而产生防治效果。

马铃薯叶片对马铃薯甲虫雄成虫具有最强的引诱力,利用这一点,我国科学家首先成功地人工合成了马铃薯甲虫聚集素。生物测试显示,该聚集素对马铃薯甲虫有很强的引诱作用,这为马铃薯甲虫发生的预测预报和诱杀技术提供了研究基础。

植物挥发物也可引诱植食性昆虫的天敌。马铃薯甲虫对寄主植物固有挥发物反应较强,而它的天敌则对挥发性次生物更敏感。因此,在开发马铃薯甲虫诱杀剂时应当注意保护天敌,并且利用这一点人为地吸引天敌,提高田间天敌的数量,用以捕食马铃薯甲虫。

随着现代分子生物学技术的发展,利用基因工程培育抗虫植物的研究取得了重大进展。利用基因工程手段培育抗虫植物与常规育种相比,具有许多优点,例如抗虫性稳定、可在任何时期内控制植物任何部位(如叶下表面、根等杀虫剂难以作用的部位)发生的虫害、育种周期短、目的性强、不污染环境等。

在马铃薯转基因抗虫品系的研究方面,近年来我国科学家以新疆马铃薯主栽品种"紫花白"和龙薯系列早、中熟品种为对象,进行了转基因试验。结果表明,转基因马铃薯抗虫性明显增强,对主要天敌

大豆

和其他节肢动物群落无明显影响。

为了防治马铃薯甲虫的为害,还可以采取下面一些措施。

在寄主植物收获后进行秋翻冬灌,以破坏马铃薯甲虫的越冬场所,这样便可以显著降低成虫越冬虫口基数,防止其扩散蔓延。

在马铃薯甲虫发生严重区域实行与非茄科蔬菜或大豆、玉米、小麦等作物轮作倒茬,被认为是非常有效的方法,轮作可以恶化其生活环境,中断其食物链,增加马铃薯甲虫发现寄主植物的困难,达到逐步降低害虫种群数量的目的。

应用地膜覆盖种植技术,可以减少大量马铃薯甲虫越冬成虫出土,是一项行之有效的防治方法。与非防治田相比,覆膜种植方式虫口减退率达到50%~74%。

利用马铃薯甲虫的假死性和早春成虫出土零星不齐、迁移活动性较弱的特点,从4月下旬开始动员和组织农民进行人工捕杀越冬成虫和清除叶片背面的卵块,可以有效降低虫源基数。

在马铃薯甲虫发生严重的区域,早春集中种植茄子、马铃薯等有显著诱集作用的茄科寄主植物,形成相对集中的诱集带,便于集中防治。

适当推迟播期至5月上中旬,可以巧妙地避开马铃薯甲虫出土为害及产卵高峰期。同时加强田间管理,在茄子、马铃薯生长中后期,

转基因马铃薯种植试验

结合中耕除草深翻土壤,以消灭马铃薯甲虫的幼虫和蛹。

以多毛的野豌豆作为有机覆盖物,能减少马铃薯甲虫的为害,可作为马铃薯甲虫可持续综合治理策略的有效组成部分。在秋天种植多毛野豌豆,春天种植马铃薯前将其刈割然后覆于地表。野豌豆不仅阻止甲虫迁移到马铃薯上为害,而且因其为豆科植物,所以也为土壤增加了氮素营养。

马铃薯甲虫自1993年入侵我国新疆并逐渐在新疆北部地区传播蔓延,已成为为害马铃薯及茄科作物的主要害虫,给新疆的农业生产带来了严重为害,造成了巨大的经济损失。但是,由于我国政府的大力支持和科技工作者、农业生产者的不懈努力,目前仍然将其牢牢地控制在新疆范围内,没有向外蔓延,为人们最终战胜这一世界性检疫害虫奠定了坚实的基础。

(杨红珍)

李振宇,解焱. 2002. **中国外来入侵种** 1-211. 中国林业出版社.

万方浩,郑小波,郭建英. 2005. **重要农林外来入侵物种的生物学与控制** 1-820. 科学出版社.

黄幼玲. 2009. **外来有害生物马铃薯甲虫的阻截与防控**. 世界农业, 2009(11): 47-48.

万方浩,彭德良. 2010. **生物入侵:预警篇** 1-757. 科学出版社.

徐海根,强胜. 2011. **中国外来入侵生物** 1-684. 科学出版社.

郭文超,邓春生,李国清等. 2011. **我国马铃薯甲虫生物防治技术研究进展**. 新疆农业科学, 48(12): 2217-2222.

长刺蒺藜草

Cenchrus longispinus (Hackel) Fernald

　　长刺蒺藜草的种子主要是混在农产品中随调运传播，因此加强检疫可以有效防止它的蔓延，减少其种子传入其他地区的机会。同时，要坚持做好疫情监测，重点调查铁路和公路沿线、车站、农田、草场、果园、林地等场所，一经发现，随即封锁铲除，防止扩散蔓延。

草中的"刺头"

秋天到了，树叶泛黄，野果成熟，去郊外野游，可以说是不错的选择，既可以深呼吸新鲜空气，近距离观赏美丽风景，又可以疏松筋骨，放松心情，陶冶情操，提升我们内心的环保指数，可谓是一举多得。既然是出去郊游，必然要亲近大自然，遍地的植物便会有机会与你不断地亲密接触了。

野地里走一遭儿，浑身上下粘满了枯黄的树叶和干瘪褪色的花瓣，各种带刺的植物果实种子，比如长条形带钩的鬼针草的瘦果，梭形带刺的苍耳子，圆形带刺的曼陀罗果实等，它们会牢牢地挂在你裤腿、衣角，甚至你的鞋带和发丝之上。各种菊科植物如同"小小降落伞"

曼陀罗的果实

鬼针草的瘦果

苍耳的果食

一样的果实也会散落在你的肩部和头顶,翻翻衣兜,或许不经意间里面装满了植物的残枝落叶,没准里面还藏着一个大大的野果子呢。如果是在从前遇到这种情况并不可怕,因为这是大自然赐予植物的本领,它们借此可以完成异地传播的任务,而轻轻地把它们摘除,放回

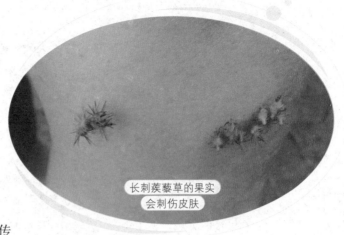

长刺蒺藜草的果实
会刺伤皮肤

于自然,让它们继续繁衍生息,也便是完成了植物交给我们的任务。虽然有时摘除粘在身上的植物种子会费一些工夫,这一点小麻烦非但不会影响你继续探索自然的兴致,或许还会勾起你认识这些植物的欲望呢。

　　旅游固然轻松有趣,可是如果旅游的目的地是我的家乡内蒙古通辽地区,那么你可就要高度警惕了。在这个地区有一种叫作长刺蒺藜草的野外杂草,如果你在野外碰到它,它那带刺的果实很可能会刺破你的衣服,刺破你的鞋子,刺到你的皮肤,不小心用手抓到它一定会把你刺伤,如果你骑着单车在野草地里行走,或许它还会把你的车胎刺破。牲畜裸露部位接触长刺蒺藜草的带刺果实,也会造成不同程度的伤害,而采食后容易刺伤口腔,形成溃疡,进入体内则会刺破肠胃黏膜并被结缔组织包被形成草结,影响正常的消化吸收功能,严重时会造成肠胃穿孔,引起死亡。

通辽森林公园

如果你骑着单车在野草地里行走，或许长刺蒺藜草带刺的果实会把你的车胎刺破

　　那么，这是怎样的一株小草，竟然结出如此强悍的果实，让人望而生畏呢？那就让我们了解一下它的身世吧。长刺蒺藜草属于禾本科蒺藜草属植物。它属于一年生草本植物，须根较短粗，植株一般高30～70厘米，基部分蘖成丛，茎横向匍匐后直立生长。叶鞘具脊，基部包茎，上部松弛；叶片线形或狭长披针形，干后常对折；穗状花序小穗1～2枚丛生，其外围由不孕小穗愈合形成刺苞，刺苞几呈球形；颖果椭圆状扁球形，背腹压扁；花果期在8月。

　　需要说明的是，在与蒺藜草属植物有关的文献中，关于它和其他蒺藜草的名称，甚至学名的使用都比较混乱。这种名称混乱的局面并不是因为植物本身的原因，而是人为的原因，或许因为蒺藜草属植物比较特别，各研究领域关注它的人太多所致吧。在本文中我们所描述的长刺蒺藜草，目前在国内发表的文献中还没有出现，我们请教了中国科学院植物所和北京师范大学的植物专家，他们认为在我国东北地区南部和华北地区北部大面积分布的蒺藜草属植物为长刺蒺藜草。在已经报道的相关文献中，大多数人都将该种植物定名为少花蒺藜草，但是在2006年出版的*Flora of China*中已经将少花蒺藜草*Cenchrus pauciflorus* Benth.并入光梗蒺藜草*C. incertus* M. A. Curtis，光梗蒺藜草在我国山东和江苏地区有少量分布。长刺蒺藜草是光梗蒺藜草的近缘种，两种植物的区别在于刺果上所具刺的数量的多少，光梗蒺藜草一般为6-10根刺，而长刺蒺藜草*C. longispinus* (Hackel) Fernald刺果上的刺多于10根，有时可达20多根。

长刺蒺藜草在其分布区是出了名的有害杂草，所以它的俗名也很多，内蒙古通辽地区称之为刺草、草蒺藜、蒺藜草、美国蒺藜草、美国蒺藜、蒺藜狗子、刺儿草、草狗子、情人草、飞蒺藜、日本草和苏联草。在内蒙古兴安盟又叫粘粘固，在内蒙古赤峰地区又叫鬼蒺藜、狗蒺藜草、弯刺蒺藜草、铁蒺藜等。这些俗名生动反映了长刺蒺藜草的果实具刺的这一主要特征，足见当地老百姓超凡的智慧。很多人也关注到长刺蒺藜草的来源，例如称其为美国蒺藜草、美国蒺藜、日本草和苏联草等，以此来标注这种植物属于外来入侵植物，并非本地土著植物。综观其所有的名字，几乎都离不开"蒺藜"两个字，说明这种植物与当地常见的蒺藜科一年生植物——蒺藜具有相似的特征，即它们的果实都具有刺状结构。

周游世界

长刺蒺藜草原产地是美洲，包括许多国家，如北美洲的美国、墨西哥南部地区，中美洲的伯利兹、哥斯达黎加、萨尔瓦多、危地马拉、洪都拉斯、尼加拉瓜和巴拿马，南美洲的巴西、玻利维亚、哥伦比亚、厄瓜多

长刺蒺藜草

蒺藜

蒺藜的果实

尔、秘鲁、阿根廷、智利、巴拉圭和乌拉圭等。目前,长刺蒺藜草是世
界性广泛分布的杂草。在我国,它主要分布在辽宁省西北部、内蒙古
自治区东部、吉林省南部三省交汇地区,包括辽宁省的阜新市、锦州
市、朝阳市、铁岭市以及沈阳市周边地区,内蒙古自治区的通辽市科
尔沁区,吉林省的双辽市周边地区。长刺蒺藜草的生长环境是干旱
沙质土壤的丘陵、沙岗、沙坨、堤坝、坟地、道路两旁、地头地边、撂荒

长刺蒺藜草

地、林间空地，甚至农田、菜园、果园和草坪里，在这些环境中呈点状、带状、片状分布。

　　长刺蒺藜草最初被鉴定为少花蒺藜草，最早的记录出现在1990年出版的《中国植物志》上，其中记载该种植物分布在辽宁省抚顺市。目前专家认为它传入我国的可能性有三种：第一种是在1942年，日本侵略者在我国东北垦殖时，在引入牛羊时带入了它的种子，繁殖之后,其种子又继续随着人们打草、放牧及风刮雨冲等迅速蔓延;第二种是它随着动植物引种时潜入,尤其是种羊引入时潜入;第三种可能是它随着旅游的车船进入我国。

长刺蒺藜草以种子繁殖,一株长刺蒺藜草一年能结实70～80粒,最多者可达500粒。散落在土壤中的种子在第二年春、夏、秋季只要遇到适宜的温度和湿度,可随时进行萌发、开花、结实。长刺蒺藜草的种子生命力极强,裸露在地面的长刺蒺藜草种子在−30～−20℃的条件下,第二年仍能萌发、生长繁殖。种子即使被埋在土壤中多年,只要露出地面,环境条件适宜,便可萌发生长。当环境条件特别严酷时,植株只是分蘖数减少,但仍能结实,完成它的生活周期。长刺蒺藜草在不断与环境条件抗争的同时,演化形成了自己的独特的生存策略:它的每个刺苞中有两粒种子,在遇到适宜的条件时,只有一粒吸水萌发形成植株,另一粒就被控制,处于休眠状态,保持生命力;当萌发形成的植株受损伤死亡时,另一粒未萌发的种子立刻打破休眠形成植株进行繁殖,这样就可以有效保证种群的延续,使其可以继续扩散蔓延。

人是长刺蒺藜草传播的载体

牲畜是长刺蒺藜草传播的载体

长刺蒺藜草种子的传播途径很多,主要是包在带刺的果实中进行传播。它的刺果可混在农作物种子、秸秆中,或者在农事操作中粘在人身上、牲畜身上进行远距离传播,还可随水流、农具、风远距离传播。附着在羊的腿毛和腹毛上的刺果可以随着放牧的羊群,得以传播,其种子也可以随着羊的粪便传播。长刺蒺藜草繁殖力旺盛，适应性强，任何土壤上都能生长，耐旱、耐瘠薄、抗寒、抗病虫害。长刺蒺藜草传入牧场后能迅速繁殖，与其他牧草争光、争水、争肥，抑制其他牧草生长，形成单优势种群，使草场生物多样性下降，严重影响牧草的质量。

应对有方

长刺蒺藜草的果实成熟后，其刺苞非常坚硬，对牲畜会造成机械损伤，尤其是对羊造成的机械损伤比较严重，使羊不同程度地发生乳房炎、阴囊炎、蹄夹炎及跛行等。长刺蒺藜草造成的机械损伤直接影响羊的采食、哺乳、配种、放牧和身体健康，降低其生产性能。羊采食长刺蒺藜草后容易刺伤口腔，形成溃疡，或刺破肠胃黏膜并被结缔组织包被形成草结，影响正常的消化吸收功能，严重时造成肠胃穿孔，引起死亡。另外，即使是采食其刺苞而没有引起死亡的羊，其

全身粘满长刺蒺藜草的羊，影响了畜产品的价值，给管理工作也带来了极大的不便，也影响了牧民的经济收入

肠胃布满草结,严重影响了畜产品的价值。而羊全身粘满长刺蒺藜草的刺苞,会给养羊者对羊的鉴定、测重、驱虫、药浴、接产、哺乳、分群、转群、出售等管理工作带来极大的不便,也会降低工作效率、增加饲养的成本、影响牧民的经济收入。

在长刺蒺藜草严重入侵地区,对羊毛的生产造成相当大的损

牧场上的牲畜群受到了长刺蒺藜草的极大威胁

失。其一是羊的腿毛和腹毛被大量挂掉,使产毛量下降;其二是刺苞混入羊毛中,使毛的品质下降,给毛纺厂选毛、洗毛带来很大困难,从而使毛纺品出现疵点,降等降级,降低出口率,造成重大经济损失。

长刺蒺藜草侵入农田,与农作物争夺水分养分,影响农作物的正常生长发育,一旦侵入很快成为优势种群,难以防除。刺苞具硬的

公路路基上的长刺蒺藜草

路边生长的长刺蒺藜草

尖刺,极易着身,人们进行农事操作时,一旦被扎,就会出现肌肉红肿、瘙痒、疼痛,难以忍受,给农事活动带来极大不便。如果骑自行车、摩托车到田间,车胎很容易被扎坏,严重影响人们的出行方便。

长刺蒺藜草属外来有害杂草,一般认为采用多种防治手段进行综合治理效果好,如物理防除与化学防除并举,加强植物检疫,采用季节性突击拔除与常年防除相结合的防治策略等。

荒地中生长的长刺蒺藜草

　　长刺蒺藜草虽然根系较浅，易于人工拔除，但应掌握在长刺蒺藜草根系未大面积下扎之前，即长出4～5片叶子前，更容易拔除，而且要连根拔除，带出田间晾干烧毁。另外也可在长刺蒺藜草抽穗期，种子成熟前拔穗处理，使其不能结种子，叶和茎还可做饲料。对付生长在农田、果园的长刺蒺藜草，也可结合耕作压青将其铲除，锄草的最佳时间应在长刺蒺藜草长出4～6片叶子的时候，最晚也要在开

长刺蒺藜草

花前,这个时段防除效果较好;生长在牧场的长刺蒺藜草只能在秋季结实时人工拔除,绿化带草坪内的长刺蒺藜草应结合机修草坪将其铲除。但是如果其分布面积较大,人工拔除费时费力,效率也会很低。

化学防除对大面积分布的长刺蒺藜草效率高,但是会对环境造成污染。药剂喷洒的时间很重要,一般玉米4~5叶期,花生开花前期,紫花苜蓿封垄前,在长刺蒺藜草叶面均匀喷雾,防除效果较好。在林地里出现的长刺蒺藜草,在即将开花时用除草剂防治效果最佳,可以达到既不破坏植被又能控制长刺蒺藜草结实的效果。

长刺蒺藜草的种子主要是混在农产品中随调运传播,因此,加强植物检疫也会有效防止长刺蒺藜草蔓延,减少其种子传入无长刺蒺藜草地区的机会。同时,要坚持做好疫情监测,重点调查铁路和公路沿线、车站、农田、草场、果园、林地等场所,一经发现,随即封锁铲除,防止其扩散蔓延。

(徐景先)

深度阅读

万方浩,彭德良. 2010. **生物入侵:预警篇** 1-757. 科学出版社.

张国良,曹坳程,付卫东. 2010. **农业重大外来入侵生物应急防控技术指南** 1-780. 科学出版社.

徐海根,强胜. 2011. **中国外来入侵生物** 1-684. 科学出版社.

万方浩,刘全儒,谢明. 2012. **生物入侵:中国外来入侵植物图鉴** 1-303. 科学出版社.

付卫东,张国良. 2012. **七种外来入侵植物的识别与防治** 1-65. 中国农业出版社.

食人鲳

Serrasalmus nattereri Kner

防控外来物种入侵要依靠科学研究。就食人鲳来说，它们不仅种类繁多，而且与其形态相似的物种也比较多，对它们的识别往往需要专业人员的参与才能实现。如果没有科学手段做支撑，宣传教育和行政执法工作都会缺少依据和说服力。

小心，有"虎"出没

食人鲳标本

俗话说"谈虎色变"，是因为山中的老虎生性凶猛，给人的印象都是吊睛白额、血盆大口的样子，所以一谈起老虎，人吓得脸色都变了。令人想不到的是，一种身长不过30厘米左右的河鱼，也会让人心惊肉跳，这就是被称为"水虎鱼"的食人鲳，它也叫食人鱼、噬人鲳。2012年夏天，广西柳州市曾在全市范围内对其下达了"捕杀令"，看样子"谈虎色变"中的"老虎"要让位于"水虎鱼"了。

事情缘由是这样的：当年7月初的一天，柳州市民张先生在柳江的岸边给自己的小狗洗澡，忽然发现有3条鱼向自己游来，其中一条鱼突然死死咬住他的手掌不放。张先生摆脱了这条鱼撕咬的同时，也将它带上了岸。后来，张先生的一位朋友试图逗弄它，同样遭到了攻击。两名受害者在网络上发布了被撕咬后的血淋淋的手掌，以及在他们看来非常新奇的、凶猛的鱼的照片，顿时掀起了一片热议。有人马上认出，这种鱼就是大名鼎鼎的食人鲳！

事实上，早在10多年前食人鲳就曾"红遍全国"。当时，全国很多地方都有食人鲳养殖，作销售、垂钓和展出之用，其中陕西省境内的黄河沿岸甚至出现了大规模的养殖基地。2002年年底，国家有关部门联合发布了"通缉令"，对市场上销售的以及公园、水族馆等养殖、展示的食人鲳全部实施"安乐死"，并严禁将食人鲳放入自然水域。2003年2月25日，南京海底世界深埋处理了19条食人鲳，成为当时我国最后一个消灭食人鲳的地方。

不过，也有人对"通缉令"的做法不理解，认为许多在海洋馆内供游人观赏的食人鲳，是在事先充分了解其特性的情况下引入的，而且一直以来都对其采取严格的控制措施，包括单种单养、独立水循环系统、完全封闭的隔离饲养、排水口设过滤装置、鱼卵全部收集处理、污水不排放野外水域等，做到了管理科学、环保到位。然而，"通缉令"一下，作为科普活教材的食人鲳必然难逃"一刀切"的厄运，成百上千条食人鲳被全部处死，许多人感到惋惜和遗憾。

狼群战术

第二次世界大战时期，德国将大量潜艇散布在大西洋上，一旦其中一艘发现"猎物"，便会召集其他潜艇从四面八方对"猎物"发起集体攻击，这就是著名的"狼群战术"。实际上，将此战术运用得出神入化的还有食人鲳。

食人鲳属于肉食性鱼类，所以小鱼小虾都对它"退避三舍"，个头大的也往往"绕道而行"。食人鲳的"老家"在南美洲，它栖息于主流和较大的支流中，尤其是河面宽广的地方。成年个体一般在晨昏活动，中午会聚在阴凉处休息，幼鱼则像个顽皮的孩子一样，整日活动，一刻也闲不住。它们的颌骨长着强大、锐利的三角形牙齿，上、下颌闭合时，像锯齿一样严丝合缝交错在一起。食人鲳上下腭的咬合力大得惊人，可以咬穿牛皮、硬邦邦的木板，甚

南京海底世界是我国最后一个消灭食人鲳的水族馆

117

水鸟也不是食人鲳的对手

至能把钢制的钓鱼钩一口咬断。它们咬住猎物后绝不松口,会借助身体的扭动将成块的肉撕扯下来。不过,食人鲳的体形并不太大,因此单独的个体并不足以对其他动物构成较大的威胁。但食人鲳喜欢成群出没,小的群体有几条或几十条,多的时候可以成百上千条聚集在一起。当它们群体捕食时,"狼群战术"的威力就体现出来了。

当旱季来临,水域变小时,食人鲳就会聚集成大群,攻击从此经过或落水的动物。食人鲳视觉稍差,听觉却高度发达。动物落水时产生的水波震动,可以帮助它们寻觅进攻的目标。对于那些比它们的身体大几倍甚至几十倍的动物,食人鲳就采取"围剿战术",轮番地发起攻击,像庖丁解牛一样将其骨和肉分离,其速度之快令人难以置信。就连平时在水中为所欲为的鳄类,一旦遇到了食人鲳,也会狼狈不堪,往往采取背朝水腹朝天的姿势,像仰泳一样,以坚硬的背甲作为"盾牌",使食人鲳无法攻击到腹部,并立即逃离危险地带。而在水面上盘旋、觅食的鸟类,有时会把水中的食人鲳当作唾手可得的便餐,俯冲入水啄食,不料却是羊入虎口,瞬间就成了食人鲳的腹中之物。

在南美洲,流传着食人鲳会在河流中高速行进,并将通过这片水域的牲畜或人横扫得一干二净的传言。事实当然没有如此严重,但食人鲳也会攻击落水的一些体形较大的哺乳动物。据说当地牧民赶着牲畜过河的时候,通常先把一头病弱的个体赶进河里,用"调虎离山"计引开河中的食人鲳,再迅速将牧群赶过河。而那头用于"丢卒保车"的个体,不一会儿就被一群食人鲳撕咬得只剩下一副白骨残骸。

食人鲳攻击人类的消息也有报道:据说有一艘游船不慎在河中倾覆,溺水的人被食人鲳团团围住啃食,其状惨不忍睹。因此,在有食人鲳活动的水域,当地人不会建网捕鱼,因为它们不仅会因袭击落网的鱼而把网弄破,也会对人形成威胁。

有人认为,食人鲳在两种情况下最容易对人类发起攻击:一是在水位较低、食物较少而鱼群的密度却很高的地方,因人落水或与鱼群发生冲突时会偶尔发生;二是由于人类进入了食人鲳产卵的区域,它会因保护自己的领地及后代而发起攻击。不论如何,食人鲳单打独斗凶猛异常,群体攻击更是势不可当,可见它在江湖上并不是浪得虚名,听听人们赋予它的各种称号及各种传说就知一二。

寻找食人鲳

事实上,食人鲳并不是一个单独的物种。被称为食人鲳的鱼类有30种左右,在分类学上均隶属于锯鲑脂鲤亚科。"食人鲳"这一称谓虽然还有其缺陷,但是已经为大众所普遍接受,同时也一定程度地说明了这类鱼凶猛的行为特点,所以仍然被广泛使用。那食人鲳生活在什么地方呢? 从南美洲的安第斯山以东至巴西平原的亚马孙河流域以及巴拉那河、圣弗朗西斯科河、库亚巴河和奥利诺科河等河流中,是它主要的势力范围;在巴西、圭亚那、阿根廷、玻利维亚、哥伦比亚、巴拉圭、秘鲁、委内瑞拉等国家境内,也均有其活动记录。

锯鲑脂鲤亚科共有9属、大约55种鱼类。它们的共同特点是身体侧扁而高,常有腹棱和棱鳞,背鳍前常有1棘,背鳍较长,鳞小而数

食人鲳

多。不过，属于这个亚科的不同种类，其生活习性也有很大的不同，仅在食性方面就有植食性、肉食性和半寄生等截然不同的生活方式。自然牙齿也形态迥异，有的甚至无齿。其中，肉食性的种类往往以凶猛闻名，特别是锯脂鲤属的种类，其牙齿异常发达，而且会轮流替换使其能持续使用。其中以纳氏锯脂鲤*Serrasalmus nattereri Kner*，也叫红腹锯鲑脂鲤、特氏臀点脂鲤、红肚食人鲳等，最为常见，因此我国通常所说的食人鲳大多数情况下指的就是纳氏锯脂鲤。它的体长一般为15～25厘米，最大可达32厘米左右。身体左右侧扁，前后呈卵圆形，颈部短，尾鳍呈叉形。纳氏锯脂鲤体色变化大：幼鱼体侧呈现灰绿色，背部为墨绿色，喉部和胸腹部为朱红色；成鱼背侧面有蓝灰色的光泽。一般雄鱼颜色较艳丽，但个体较小，雌鱼个体较大，颜色较浅，性成熟时腹部稍膨胀。

食人鲳虽然名字上带有"鲳"字，但实际上与我们通常所说的鲳鱼并非同类，亲缘关系也相距甚远，只是二者在体形上有些相似而已。根据动物演化的过程，食人鲳与鲤形目鱼类（如鲤鱼）的亲缘关系比较近一些，但背部多有一个小小的主要由脂肪组织形成的"脂鳍"，所以称为"脂鲤"；此外，由于鲑形目鲑科鱼类（如大麻哈鱼）也具有类似的脂鳍，食人鲳与它们在这一点较为相似，所以又被称为"鲑鲤"。

食人鲳虽然并非想象中的庞然大物，但由于它们外形奇特、色彩艳丽，再加上令人惊悚的名字和传说故事，所以常被人们当作观赏鱼饲养。一些饲养食人鲳的人或机构，就是为了欣赏它们撕咬食物的场面。在养殖的鱼缸中投喂活鱼，不到几分钟就会被食人鲳撕咬

食人鲳

得只剩下骨架、残骸。

有趣的是，当地土著人不仅把食人鲳当作神来供奉，而且借用它们凶猛的特点，放养在房屋附近的河中，以威慑一切外来的侵扰。食人鲳还是好莱坞惊险电影中的一个重要元素，例如在1967年上映的《雷霆谷》中就表现了食人鲳的"凶残"。

《雷霆谷》海报

食人鲳虽然凶猛，但当地的鱼类和水生动物还是有办法来对付它，许多物种在千百年的生存竞争中发展了自己的"尖端武器"。例如，当地的刺鲶就善于利用它的锐利棘刺，一旦被食人鲳盯上了，它就以最快的速度游到最底下的一条食人鲳的腹下，不管食人鲳怎样游动，它都与之同步动作。如果食人鲳要想对它下口，刺鲶马上将棘刺张开，让食人鲳无可奈何。此外，当地的电鳗能放出高压电流，一次就可以把30多条食人鲳送上"电椅"，处以极刑，然后再慢慢吃掉，它们也因此成为食人鲳最强大的天敌。

以假乱真

由于食人鲳身上的种种传闻故事，使人们对它产生了又恐惧、又好奇的心理，因此，尽管它在我国已经遭到"封杀"，但关于它的消息却时有报道。例如，现在仍然有不少水族馆，在水族箱的说明牌上赫然写着"食人鲳"三个字，甚至下面还有关于这个物种的详细说明。此外，在我国南方的一些地区，如长沙、武汉、福州等地，不时有垂钓爱好者在野外捕获到"食

电鳗是食人鲳的劲敌

淡水白鲳

人鲳"。他们信誓旦旦地表示："牙齿尖尖的，肚子红红的，我们钓到的就是'食人鲳'！"事实果真如此吗？

垂钓者是真的搞不清什么是食人鲳，而那些水族馆则是"揣着明白装糊涂"。因为上述的鱼并非食人鲳，而是它的一个近亲——淡水白鲳。

知识点

亚马孙河

亚马孙河全长6440千米，流域面积705万平方千米，是世界上流域面积最广、流量最大的河流，也是仅次于尼罗河的世界第二长河。其支流超过1000千米的有20多条。

它的发源地是秘鲁距太平洋不到160千米、平均海拔约4000米的安第斯山中段的乌卡亚利—阿普里马克水系，却流入大西洋。

流域内大部分地区长年气候炎热，雨水充足，为热带雨林气候。

淡水白鲳也是隶属于锯鲑脂鲤亚科的种类，又叫短盖巨脂鲤、似鲳脂鲤。由于其体形与一种海水鱼——白鲳比较相像，又生活在淡水中，所以得名淡水白鲳。

淡水白鲳的原产地也是南美洲的亚马孙河，是当地的重要养殖和渔捞对象。它的身体是卵圆形，体形侧扁，背部有脂鳍，体被小型圆鳞，自胸鳍基部至肛门有略呈锯齿状的棱鳞。成鱼红鳍、白体、黑尾，有浅色斑纹，体色鲜艳，成群地游弋在水族箱中，很漂亮，有一定的观赏价值，所以很多国家和地区把它作为观赏鱼引进。淡水白鲳还因为头小、肉厚、味美、刺少、食用方便,深受"吃货"们的欢迎,所以它又被作为食用鱼而大量引进养殖。

淡水白鲳饲养起来并不难。它食性杂、生长速度快、病害少、耐低氧、易捕捞,是适合人工养殖的优良品种。

我国的淡水白鲳最早是台湾于1982年引进的。1985年,我国大陆将淡水白鲳苗种引入广东等地进行人工养殖,一年以后成功实现人工繁殖,然后推广到浙江、福建、河南等近10个省(市、区)进行商业性养殖。目前,淡水白鲳作为一种重要的食用鱼已经进入了全国各地百姓的厨房和餐桌。

淡水白鲳生活在水域的中、下层,喜欢群居,属于热带鱼类,最适宜生长温度为28~30℃,生存温度为10~42℃,当水温降至10℃则出现异常反应;8℃会造成死亡。因此,淡水白鲳在我国的南方,可以在自然水域中饲养,而在北方就要利用电厂的温流水或者在温室中饲养。

淡水白鲳的食性很杂,食物范围不仅包括许多农副产品、人工配合饲料、瓜果皮、禾本科植物种子及水、陆生植物,而且更喜欢吃蚯蚓、螺蛳、有机碎屑及小鱼、虾等,并且它们是快速吞食,十分有利于人工饲养。一般引进鱼苗,养殖90~100天,就可以成为商品鱼出售。淡水白鲳的性成熟年龄为3龄,普通养殖户在饲养过程中完全不会受到成鱼繁殖带来的成本消耗的影响。它的上网率也很高,无论是挂网,还是拉网,第一网起捕率就在95%以上,减少了捕捞的工作量。

淡水白鲳还深受休闲垂钓者的欢迎。只要用偏肉食性的钓饵,

淡水白鲳

123

它们的咬钩率就很高。淡水白鲳具有双排指状牙齿，强劲有力，咬钩凶猛，挣扎有力，极易挣断、咬断钩线，完全有别于钓鲤、鲫的情况，所以对垂钓者来说，淡水白鲳既能带来垂钓过程中期盼的焦虑，还能够带来得到收获的满足，使很多垂钓爱好者乐此不疲。

淡水白鲳无论是作为观赏鱼还是经济鱼类，都得到了广泛认同，所以我国很多地方都有养殖。由于各种各样的原因，淡水白鲳逃逸到自然水域中的现象也时有发生。因此，有人在野外钓到淡水白鲳也就不奇怪了。那怎样区分淡水白鲳与食人鲳呢？

看上去，淡水白鲳与食人鲳的确很相似，其实二者之间还是有一些差异的。淡水白鲳的体形比较大，最大可达90厘米，体重可达30千克；而食人鲳最大也只有32厘米。最明显的是牙齿的不同：淡水白鲳的上下颌为整体结构，不能自由伸张开来，因而口裂较小，它的上下颌的牙齿在摄食过程中仅起攫获食物的作用，不能撕裂和切割食物；而食人鲳上下颌各有一行三角形的牙齿，特别尖锐，上下颌闭合时，呈锯齿状嵌合，显得十分凶猛。我们只要掌握了这个关键的区别特征，就不会混淆这两种鱼了。

由于淡水白鲳与食人鲳非常相似，很多人不能区分它们之间的差别，所以常有人将淡水白鲳当成了食人鲳。而有些不法商贩却利用这一点，做些投机生意来牟取暴利。在国内水族市场上，这两种鱼都因体色艳丽而被当作观赏鱼，但食人鲳凶猛的生态行为，可能在某种程度上满足了部分人寻求血腥场面的刺激，或者是食人鲳的名声足够响亮，使得它的价格远远高于淡水白鲳，因此商贩们就把淡水白鲳有意当成食人鲳出售，以赚取更高的利润。

食人鲳

其实，淡水白鲳出现在野生水域是一个十分危险的信号。由于淡水白鲳食性杂，而且特别喜欢吃"荤"的，如果在野生环境下形成规模群体，将对当地的土著种类产生较大影响。

食人鲳的危害

　　学会辨别真假食人鲳后，我们再来说说食人鲳的危害。人们首先想到的就是它会"伤人"，实际上，它更为严重的危害是对生态环境的破坏。在这一点上，食人鲳比起淡水白鲳来更是有过之而无不及。它们都属于重要的外来入侵物种，一旦进入新的野生环境，由于自身强大的适应能力以及没有天敌等原因，就会大量繁衍，并对其他生物进行毁灭性的屠戮。这对于当地环境的生物多样性，将是一场可怕的灾难。

　　"柳州食人鲳"事件，再一次将外来物种入侵这个活生生的现实展现在世人面前。在我国，虽然自2002年起就禁止出售食人鲳，并严禁将其放入自然水域，但很可能有一些水族商贩或个人通过走私等途径，从国外购进食人鲳。因此，柳江出现的食人鲳有两种可能：一是有人作为观赏鱼从市场买来，或从国外非法带入，当不想再饲养的时候就放入河中，作所谓的"人性化处理"；二是作为一种"善举"，直接买来放生。

　　无论出于什么目的，这种"放生"的结果可能让柳江里生灵涂炭，甚至殃及人类。调查表明，由于一些不法商人为了躲避检查，他们常通过将食人鲳放入当地水域以躲避制裁，导致现在食人

有的小商贩为了躲避检查
私自将食人鲳放生野外

鲳的种群已经从它们的原产地侵入到世界各地的很多河流中。例如,在美国,它们已侵入到波托马克河、欧扎克斯湖、温纳贝戈湖等水域中;在亚洲,它们已侵入到孟加拉国的卡普泰湖等水域中。在当年我国盛行饲养食人鲳的时候,曾有报道:广州某鱼塘在投放了食人鲳以后,不但其他鱼类被捕食一空,连池塘中的鸭子也难以幸免,甚至过往的鸟类都慑于它的淫威,不敢在水面停留、觅食。由于体质强壮、对水质要求不严,食人鲳在包括柳江在内的我国南方广大地区都能找到适宜其繁殖生长的水体,一旦侵入自然水域将打破现有的生态平衡,威胁本土鱼类的生存,造成重大损失。因此,食人鲳对生态环境的潜在危害不可低估。

盲目行事猛于"虎"

我们更需要注意的是,在应对外来物种入侵突发事件的过程中,决策部门如果不做科学研究和调查,盲目行事,其行为可能猛于食人鲳这种水中之虎。

仍以柳江内发现食人鲳的事件为例。在柳江内发现食人鲳后的第三天下午,柳州市有

被放生的食人鲳很凶残,连鸭子都能攻击

柳江边上的垂钓者

关部门发布了"在柳江河段内捕获食人鲳，每条奖1000元"的消息，民间团体随之发起"最奇特钓鱼大赛"捕捉食人鲳，有人还喊出了"无论你生在哪里都要你死在柳州""宁可错杀一千，也不放过一个"等口号。于是，人们一哄而上，一场全民剿灭食人鲳的"战役"就此展开。柳州市数百钓友参与垂钓，更有外地钓鱼爱好者闻讯赶到柳州加入垂钓队伍。当天傍晚，柳江两岸各种钓竿一字排开，"赏金猎人"阵势壮观。此外，还有许多居民沿河下网捕鱼。

柳州市此举遭到了民众广泛的质疑。有人指出，这种做法可能会造成事与愿违的结果，将导致河里出现更多的食人鲳。它可能会刺激个别人低价收购食人鲳或从国外偷运食人鲳回国恶意放生，再以垂钓为名骗取政府奖励，而政府如何对拿来领奖的食人鲳"验明正身"？在网上搜索，人们可以找到多家声称出售食人鲳的店铺，每条仅售20元，甚至还有"买10送1"的广告，这样的暴利生意难免催生弄虚作假的事情发生。再夸张一些，看着柳州市行情好了，食人鲳走私活动猖獗，政府部门又将如何应对？有人甚至质疑，政府部门此举是在采用"泛娱乐化"方式来处理严肃的外来物种入侵事件。

更荒唐的是，与此同时，柳州有关部门还在出现食人鲳的河段出动5艘专业渔船、10位专业渔民，撒下1万多米长的大网，垂直放入河床中,并且用大量动物血、肉和内脏作为诱饵,进行食人鲳的捕捞。一些科学家指出,这场运动愚蠢而具有破坏性,甚至会比食人鲳对生态系统造成的伤害更大。有关部门应在采取行动之前做一些研究,在专家的科学指导下推进食人鲳的治理工作。

果然,如此一哄而上进行捕杀行动,从"战果"来看,食人鲳没捕到,反而是其他鱼类遭殃,这对柳江的生态保护极为不利。科学的做法不是动员老百姓"有奖捕鱼"和盲目出动船只或撒网捕捞,而是先要查清楚食人鲳的来源,看看它们是从水族馆、宠物市场、活鱼市场等哪个渠道进来的,然后进行监管。然后,由专业人员在柳州一带甚至广西其他地方的相关水域开展调查,查清楚食人鲳的数量到底有多少,再想办法治理。而以破坏环境为代价的"运动式治理",往往以"轰轰烈烈"开始,最后是得不偿失。

幸运的是,三天之后,悬赏捕捞食人鲳活动终于正式停止。

事实上,"围剿食人鱼"不过只是头痛医头、脚痛医脚而已。应对外来物种入侵从来不是一江一地的问题。我国外来物种入侵的形势十分严峻,必须尽快由国家制定相关法律,加强监管,这一问题才有可能得到妥善解决。目前,我国关于外来物种入侵管理的最大漏洞正是相关立法的缺失或疏漏。我国不仅没有关于食人鲳的相关法律法规,对观赏鱼类的买卖也没有明确管理规定。虽然农业部2009年制定的《水生生物增殖放流管理规定》中有"禁止使用外来种、杂交种、转基因种以及其他不符合生态要求的水生生物物种进行增殖放流"等要求,但面对擅自引进、私下出售、轻率饲养和随意放生的各类行为主体,到底如何加以规范和惩处,仍然没有明确的、可操作的规定。因此,在食人鲳还没有在我国大面积地蔓延开来时,应尽快建立、完善防范安全机制,维护生态安全。

防控外来物种入侵还要依靠科学研究。就食人鲳来说,它们不仅种类繁多,而且与其形态相似的物种也比较多,对它们的识别往往需要专业人员的参与才能实现。如果没有科学手段做支撑,宣传教育和行政执法工作都会缺少依据和说服力。

因此,我国必须尽快建立起防控外来物种入侵的国家权威领导机构、专家组织和群体防控相结合的运作机制，实行外来物种引入的许可证制，强化科研监测和控制，并建立责任追究制度。如果违背相关法规，擅自引入外来入侵物种，无论是单位或者个人都必须承担法律责任。否则，我们就会在外来物种入侵面前仍然难有作为。

观赏鱼市场

（杨静）

深度阅读

何舜平. 2003. **食人鱼**. 生物学通报, 38(3): 5-7.

解焱. 2008. **生物入侵与中国生态安全**. 1-696. 河北科学技术出版社.

徐正浩, 陈为民. 2008. **杭州地区外来入侵生物的鉴别特征及防治**. 1-189. 浙江大学出版社.

牟希东, 胡隐昌, 汪学杰等. 2008. **中国外来观赏鱼的常见种类与影响探析**. 热带农业科学, 28(1): 34-40, 76.

徐海根, 强胜. 2011. **中国外来入侵生物**. 1-684. 科学出版社.

薇甘菊

Mikania micrantha Kunth

政府可以采取"政府发动＋专业机构指导＋民众参与"的做法，以招投标方式寻找治理外来入侵物种的专业机构，由他们提供专业技术和设备，指导民众去清除外来入侵物种，这样既能提升清除外来入侵物种的水平，也更有助于提高全社会的环保意识。

猕猴幼仔

"花果山"来了"植物杀手"

在古典文学名著《西游记》中，明朝作家吴承恩将猕猴的栖息环境描绘得美如仙境，这不仅仅是文学艺术上的夸张，事实上，许多猕猴的确就是生活在如此令人神往的地方。在我国南方，就有许多这样的"花果山"，位于珠江口的内伶仃岛就是其中之一。

流域面积45万多平方千米的珠江，是我国南方最大的河流，宽阔的珠江口附近岛屿星罗棋布，大小共有150个左右，统称为万山群岛。这里自然条件优越，交通发达，地理位置重要，南宋著名民族英雄文天祥曾在这里留下了"人生自古谁无死，留取丹心照汗青"的千古绝唱，闻名世界的万山渔场也位于这个地方。这些岛屿不仅在国防和经济方面具有十分重要的意义，而且也是野生动物生息的乐园，特别是在内伶仃岛上共栖息着20～30个群体600～700只国家Ⅱ级重点保护野生动物猕猴，堪称世界上罕见的"猕猴王国"。

薇甘菊

内伶仃岛隶属于深圳市，是一个东西长、南北窄的小岛，长约4千米，宽约2千米，海岸线长达11千米，陆地总面积约为5平方千米，地势东高西低，很像是漂浮在水上的一只芒果。它常常躲在云雾的深处，显得格外神秘莫测。待到云雾消散之后，矗立在人们面前的则是苍翠葱郁的山峦、银色的海滩和蔚蓝色的海湾，海岸曲折多沙滩，山上流水潺潺，四周海水清澈。岛上具有高温、多雨、风大等热带海洋气候的特点，三冬无雪，四季常花，空气清新，风光旖旎，林木茂密，藤蔓绕树，鲜苔附石，溪水淙淙，草绿花红，鸟鸣猴叫，景色宜人。以海拔340米的尖

文天祥

133

猕猴的乐园

锋山为主体的群峰山峦起伏,向东西蜿蜒,峭壁峥嵘,植物茂密,虽然原始林木早年就已经被砍伐殆尽,但次生林生长完好,野生的椰子、荔枝、楠竹、香樟树、罗汉松、箭麻、菠萝、芭蕉等树木,以及迅速生长的灌木和草本植物,郁郁葱葱,被覆全岛。《西游记》中所描绘的供猕猴们采食的花果,供嬉戏和避敌的顽石、陡壁,供饮用、沐浴的溪流等景观随处可见。岛上有哺乳动物、鸟类、爬行动物和两栖动物共70多种,但基本上没有威胁猕猴生存发展的竞争对象和天敌,因此在岛上形成了"猴子称大王"的局面。

然而,近十几年来,内伶仃岛上的森林却逐渐被一种名叫薇甘菊的藤本植物所覆盖,除了较高大的白桂木外,无论乔木、灌丛还是草本植物都被薇甘菊所缠绕,出现了枝枯、茎枯的现象,植物种类组成也明显减少,生态环境遭

"花果山"上的森林被薇甘菊所覆盖,让猕猴失去了食物来源

到严重破坏。由薇甘菊形成的密集
成片的单优植物种群,也让野生动
物失去了食物来源,其中猕猴赖以
为生的香蕉、荔枝、龙眼、野生
橘等,都因难以进行正常的光
合作用而挂不了果。食源植
物的减少使内伶仃岛对猕猴的
生态容纳量降低,生活着的猕猴
群体也一度面临着灭绝的命运,
岛上的工作人员不得不采取
人工喂放"救济粮"的方法来
维持猕猴的生存。

薇甘菊*Mikania micrantha*
Kunth也叫小花蔓泽兰或小花
假泽兰,隶属于菊科假泽兰属,
是一种多年生草本或灌木状
攀援藤本,原产于中美洲和南美
洲,现已广泛分布于世界热带和
亚热带地区,也成为危害经济作
物和森林植被的主要害草之一。

薇甘菊的茎细长,当年生的茎
直径为2~8毫米,多年生的茎更粗
一些。茎有棱,为绿色,上有白色短
毛,多分枝且细长,匍匐或攀援。薇
甘菊的茎每隔20厘米左右就有1个茎
节,每个茎节的叶腋处都可长出一对
新枝,可以形成新的枝条。

它的叶呈三角状至卵形,边缘有
数个粗齿或浅波状圆锯齿,两片叶
对称生长。它具头状花序,每年10

薇甘菊

龙眼

月至翌年2月开花结实,花为白色,管状,呈五齿裂,有香气,开花数量很大,从花蕾到盛花大约为5天时间,开花后5天完成授粉,再过5~7天种子成熟,然后种子散布,开始新一轮的传播。它的种子为长椭圆形,亮黑色,极小,每粒种子的重量不足0.1毫克,但种子量非常大,1株就有几千粒。种子的顶端有30多条刺毛,组成白色冠毛,能借风力和水流进行散播,落地后发芽繁殖,这是薇甘菊能够广泛入侵的重要原因之一。另外,薇甘菊的种子、茎节等还可通过人畜及野生动物携带、农产品运输、园林植物的交流和交通工具的往来等环节进行传播。

事实上,薇甘菊兼有有性和无性两种繁殖方式。它的根为白色须状,着生于茎节上,根须多而浅,每个茎节乃至节间都极易长出大量的不定根,接触土壤后能快速长成新植株,故茎可进行旺盛的营养繁殖(即无性繁殖),而且较实生苗生长要快得多。薇甘菊的英文名

荔枝

称叫作Mile-a-minute Weed，即"一分钟一英里草"的意思，这个名字生动形象地描述了其生长和扩散之快速。薇甘菊的生长期很短，苗木初期生长缓慢，在1个月内苗高仅为11厘米，但随着苗龄的增长，生长随之加快。

第二次世界大战期间，薇甘菊曾被引入印度，用来做飞机场的伪装，以便躲避敌机的轰炸。20世纪40年代末，印度尼西亚从巴拉圭引入薇甘菊作为橡胶园的土壤覆盖植物，十余年后又把它用作垃圾填埋场的土壤覆盖植物，从而使薇甘菊很快传播至整个印度尼西亚，后来又传遍了整个东南亚、南亚、澳大利亚、非洲的毛里求斯岛以及太平洋、印度洋的一些岛屿。20世纪80年代，薇甘菊开始进入我国，先在香港、海南岛、澳门等地出现，然后在珠江三角洲广泛扩散，并有进一步蔓延的趋势。此外，在我国台湾，也于1990年之前在南部屏东及高雄地区发现了薇甘菊的入侵。

缠绕绞杀

在它的原产地，由于有160多种昆虫、螨类和真菌等天敌的存在，令其受到制约而不能疯长，薇甘菊并未构成较大灾害。而在其入侵地区，薇甘菊凭借"藤本疯长，种子迁飞，根系蔓延"的"三大法

宝"，生长十分迅速。薇甘菊所到之处，其他植物被其攀援、缠绕或覆盖，难以进行光合作用，因饥饿而死，或是被重压、绞杀而死。此外，薇甘菊还通过分泌和散发化感物质，对其周围植物的生长发育和种

薇甘菊匍匐缠绕

子萌发、生根、发芽起到危害和抑制作用,从而保证自身的生长优势。

　　薇甘菊具有向光性,喜欢生长于光照、水分充足的地方,但对土壤生态环境的要求很低,因此它常见于被破坏的林地边缘、荒弃农田、疏于管理的果园、水库和鱼塘周围、溪流或沟渠两侧岸边、城市公园、铁路或公路沿线以及低洼潮湿的空旷地带等。薇甘菊叶片的净光合速率较高,是与它同一地域生长的五爪金龙的1.48倍、野葛的1.27倍。薇甘菊的攀援能力超强,很容易爬上灌木丛的冠层上面,形成成片的盖被,与幼小的植物或幼苗争夺光照、水分和养分,1～2年内就可造成灌木植物的成片枯死。薇甘菊不仅对周围农田造成危害,而且对于6～8米高的天然次生林、人工速生林、经济林、水源保护林、风景林中的几乎所有树种都有严重威胁,造成农林业的直接经济损失和次生自然植被的逆行演替,进而形成灾难性的后果。

　　在东南亚地区,由于薇甘菊的入侵及蔓延,油棕、茶叶、椰子、柚木、可可、橡胶等的产量都受到了影响。特别是在马来西亚,由于薇甘菊的快速繁殖覆盖,橡胶树种子的萌芽率大幅度降低,橡胶也大幅

与五爪金龙同时为害

度减产。

在我国珠海等地,薇甘菊主要的为害对象是香蕉。它通过不断地缠绕香蕉树向上生长,慢慢地将整个香蕉林都进行了覆盖。香蕉的叶子被覆盖以后,光合作用越来越少,最后导致了香蕉树的死亡。薇甘菊缠绕的速度十分迅速,仅仅半年的时间就可以把面积达数百亩的一片香蕉林完全覆盖,非常可怕。

由于薇甘菊能快速传播并覆盖侵入地的环境,更有着"遇草覆盖、遇树攀援"的生长特性,在入侵地造成了一个个"植物坟墓",所以,薇甘菊被人们称为"植物杀手",已被列为世界上最有害的100种外来入侵物种之一。

殊死拼杀

薇甘菊不仅可自然传播,而且可人为传播。不论是自然传播还是人为传播都难以控制,尤其是自然传播。薇甘菊的发生和分布虽

香蕉

然有一定的规律,但其在有林地上的发现和调查难度极大,首先是其颜色与林木颜色基本一致,若不是在开花期很难被发现;其次,它的种子极小、有冠毛,能随风顺水传播,很容易在林中空地或盖度稍低的林分内生长,实生苗前期生长缓慢且在林地上与地被物颜色也一致,即使是深入到林地内也很难发现它的幼苗;最后,薇甘菊的分布地点、发生面积、为害面积每年均有很大的变化,始终处于一种动态变化中。

在它的防控方面,由于薇甘菊具有超强的传播能力、繁殖能力、生存能力、竞争能力、蔓延能力,所以采用任何单一的防治方法都难以将薇甘菊的植株体全部彻底清除干净或全部杀死,同样,不论用何方法都难以将薇甘菊的种子全部彻底清除干净或全部消灭。

薇甘菊种子体积极小,数量极大,很容易隐藏在人员、车辆、货物中以及动植物的身体上,随其流动而传播,给检疫工作带来极大困难。目前薇甘菊的防治技术和措施都有一定的局限性,不能从根本上长期有效地根治薇甘菊。因此,人们只能根据薇甘菊传播、蔓延和为害的实际情况,将现有薇甘菊防治技术和生态修复控制技术进行"集成组装、成龙配套",吸取现有物理防治、化学防治、生物防治和生态控制等各种技术方法的特点和优势,按不同发生地点实施相应的最佳治理措施,这样才能全面、系统和综合治理,达到长期、有效根治薇甘菊的目的。

针对少量、零星发生在菜地、苗圃、绿化带、住宅绿化地的薇甘菊，采用化学防除不仅造成环境污染，而且也会影响其他植物的生长，所以宜采用人工连续清除方法。但薇甘菊生命力极强，人工拔除时，往往"斩草"不能"除根"，即使火烧后残留一点青色的根茎在地里，这一点点青色的根茎很快就会"春风吹又生"，而且有些地方是人工无法到达的，因此运用人工拔除薇甘菊的方法，一年之内最少要进行4次，最佳时段在每年6月至10月的薇甘菊营养生长期，最好要有一次在花季，才能有效降低其对树木的为害。但在1~2月，严禁对其实施人工拔除，因为此时是薇甘菊的结果期。一株薇甘菊一年可以生出几亿粒种子，而几十万粒种子才1毫克重，它们会随风飘散，此时动它危害极大。人工拔除时，大家要先割除植株，再晒根，后焚烧。对于散生或者虽然覆盖面积较大但不宜采用除草剂防除的地方，大家可先除藤蔓，用刀将攀援藤蔓在离地面0.5米处割断，再用锄头挖出根

薇甘菊

部,集中烧毁深埋。

人工清除的优点是安全、快速;缺点是必须投入大量的时间及人力,且需连续清除,清除过程中,根难找难拔,茎也容易折断,以及随意堆放等,都会导致薇甘菊再生。

采用化学防治与林分改造相结合方式综合防治薇甘菊,也是一个不错的方法。在水源林、菜地、农田和苗圃周边、林缘地,根据薇甘菊的种子和幼苗生长对光有很强依赖性的习性,在对局部区域定向喷洒森草净等化学药剂杀灭薇甘菊后2个月左右,在留下的空地上,尽快种植速生乡土阔叶树种,使栽培树木把空地占领,减少或避免薇甘菊重新生长。这种利用植物群落改造来治理薇甘菊的方法,是以促进原有的有益或无害植物的生长、栽植适当的植物种类为主的措施,营造不利于薇甘菊生长的群落环境,取得抑制薇甘菊为害的近期效应,并使经改造的群落能自我维持或正向演替,且能向周边扩张,在自然过程中　　　　　　　　　　逐渐产生排斥薇甘菊

田野菟丝子的寄生可以有效地抑制薇甘菊的生长

146

生长的长期效应。在林中的空地上或树木不太密集的地方（通常树木郁闭度在70%以下），人工种植速生乡土阔叶树种，如幌伞枫、血桐、阴香、海南蒲桃、藜蒴、红荷（荷木）等，尽快将"林中空隙"郁闭起来，达到较好遏制薇甘菊生长的目的。

我国科学家还发现，一种叫作田野菟丝子的寄生植物可以有效地抑制薇甘菊的生长。它会使用吸盘，插入薇甘菊的茎干以吸收水分及养分，从而有效降低薇甘菊的开花繁殖能力。

田野菟丝子是隶属于旋花科菟丝子属的一年生茎全寄生植物，在广东等地有广泛分布。它的茎为黄色，纤细，直径约1～1.5毫米，无叶，外观看上去就如同黄色的毛线团。田野菟丝子寄生薇甘菊后，能够缠绕在薇甘菊的茎上夺取其所需的养分和水分，使薇甘菊叶片变黄甚至整株枯死。田野菟丝子的寄生可以严重影响薇甘菊的光合特性，寄生20天左右，薇甘菊的单株叶片数、茎干长度等就开始减少，光合速率、蒸腾速率、气孔导度、叶绿素含量等均开始降低，两个月以后，以上指标则均有显著降低。田野菟丝子的寄生也可影响薇甘菊的开花、结实。薇甘菊被田野菟丝子寄生后茎节生长长度明显下降，在与菟丝子吸器接触的地方出现坏死斑点，韧皮部干枯，输导组织破坏，最终死亡。田野菟丝子一般只会在薇甘菊之类的有害杂草上寄生，但不会致死同一地带的其他植物，从而较好地控制住薇甘菊的危

147

菟丝子花

菟丝子果

害,并使受害群落的物种多样性明显增加。虽然田野菟丝子能在80多种植物上寄生生长,但对大部分乔木、灌木、藤本及草本植物均无明显影响,只有15种左右的杂草类(其中大多数为有害杂草)会受到一定程度的影响。因此,科学家认为田野菟丝子控制薇甘菊为害的方法基本上是可行的、安全的,采用田野菟丝子可以达到较好地控制薇甘菊的目的。在林地、陡坡地、丢弃地及化学防除后植被恢复困难的地方,均可采用引入田野菟丝子寄生薇甘菊的方法防治。在薇甘菊周围种植田野菟丝子,按每3~5平方米放置1株田野菟丝子袋苗,养护1年可较好地控制薇甘菊的为害。田野菟丝子的幼苗会牢牢地缠绕薇甘菊枝茎,深入薇甘菊表皮吸走其水分和营养,最终导致薇甘菊死亡。薇甘菊完全死亡后,其他植物得以生长,即可占据薇甘菊腾出的空间。

积极探索

深圳是受薇甘菊危害最为严重的城市之一。自从20世纪80年代传入这个城市以来,薇甘菊已由"星星之火"发展到泛滥成灾,仅受薇甘菊为害的林地面积就达4万多亩，而其中的10%左右的受害森林一度已经奄奄一息。薇甘菊从郊野开始不断向市区内发展、蔓延，在东起南澳西冲，西至宝安沙井、松岗，南达内伶仃岛，北到平湖、坪地、坑梓，以及市区内的许多林荫道、路边绿化带、花坛、公园、自然保护区等地都可看到薇甘菊的踪迹。其中，薇甘菊出现最多的地方是梧桐山、仙湖植物园、凤凰山、坂田水库和内伶仃岛等地，在这些地方，随处都爬满了这种开着白花的藤蔓植物，有的攀树，有的缠草，几处树木因无法承受薇甘菊的重量已被压得趴在地上，特别是在那成片成片的荔枝树上，薇甘菊铺天盖地，远远望去，起伏连绵的荔枝树冠上像盖上了一层由数不清的绿色链条编织起来的一块巨大地毯。如果任其生长扩散，几年之内就能让整座山的植被全部萎缩甚至死去。

此外，在滨海大道北侧、民俗村南侧的一片数万平方米的红树林，也受到了薇甘菊的蚕食，茂密的红树林中到处爬满了薇甘菊，令人触目惊心。它们浩浩荡荡，如入无人之境，包裹得严严实实，密不透风。薇甘菊破坏的不仅仅是这片红树林，还有一直在这里栖息、繁殖的鸟类。没有鸟的红树林死一般静寂，此番景象使人联想到了被

生长在野地里的薇甘菊

沙漠埋没了的楼兰古城。

因此,围剿薇甘菊就成为近年来深圳防控外来物种入侵的一场重要战役。在这场战役中,人们将物理防治、化学防治、生物防治和生态控制等方法综合运用,并在实践不断进行探索更为有效的方法和策略,也取得了一定的成绩,初步遏制了薇甘菊四处扩张的嚣张气焰。

在陆地上,科学家使用田野菟丝子对付薇甘

深圳仙湖植物园

150

菊的试验十分奏效。他们先后在内伶仃岛、求水山庄、笔架山公园和梅林公园放置了大量田野菟丝子,用以控制薇甘菊的生长。原来在这些地区蔓延肆虐的薇甘菊与大片的田野菟丝子纠缠在一起,最后,因断绝阳光、水分和养料,薇甘菊地上部分在1至2个月就枯萎死去。

深圳大鹏新区为了向凶猛的外来入侵物种薇甘菊发起总歼灭战,采用了发动全社区居民上山铲除薇甘菊的方法。当时,这个新区的薇甘菊分布面积已接近4万亩,严重威胁到林业资源的安全。新区

薇甘菊为害红树林

城管部门通过下面的农办向居民许诺，希望他们上山除草，而政府将以每斤5元的价格向居民收购，并同时指出，为了防止作假，这次活动仅限于本区居民参与。听到这个消息，参加的人十分踊跃，只用了5天时间，大鹏新区就清除了山林、平地为害的薇甘菊约3万亩，可谓战果辉煌。但是，政府清除薇甘菊的目的是否如愿了呢？

人们虽然已经将大部分薇甘菊的表面部分清除，但几乎所有薇甘菊的根却未被拔起，而且后山有一部分地方依然还有大量薇甘菊存余。"留着等明年再用"，虽然是一句玩笑话，却反映了这些人的一种心理。不过，如果对薇甘菊"斩草留根"的话，政府的钱不就等于白花了吗？更令政府措手不及的是，有不少人还跑到邻近地区"除草"，导致政府不得不设卡拦截。即使这样，政府原来的预算也无法应付这样大的超支。最后，新区城管部门只好改变收购价，每斤收购价变成了1.25元。如此一来，当地居民又感到"被政府忽悠了"。

一场严肃的群众性生态治理行动，变成充满各种"笑料"的"拉锯战"。不过，这场"战斗"的经验教训，也许可以帮助人们寻找到更加可持续、合理的外来入侵物种的治理之路和生态文明建设之路。

从积极的一面来考虑，大鹏新区出钱，发动群众清除薇甘菊，是当地政府发动社会力量来解决公共生态问题，如果这种"政社合作"既能解除外来物种入侵的威胁,顺利把事情做好,又能让民众树立起关心环保、关注环境的理念和意识,这种做法就有合理之处。今后,政府可以采取"政府发动＋专业机构指导＋民众参与"的做法,以招投标方式寻找治理外来入侵物种的专业机构,由这些专业机构提供专业技术和设备,指导基层民众去清除外来入侵物种,就可以既能达到提升清除外来入侵物种的水平,也更有助于提高全社会的环保意识。

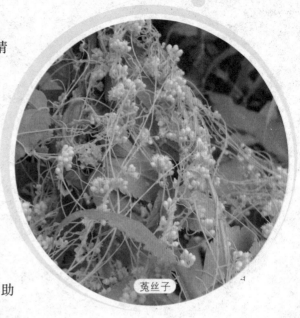

菟丝子

（倪永明）

深度阅读

李振宇,解焱. 2002. 中国外来入侵种. 1-211. 中国林业出版社.

万方浩,郑小波,郭建英. 2005. 重要农林外来入侵物种的生物学与控制. 1-820. 科学出版社.

万方浩,李保平,郭建英. 2008. 生物入侵：生物防治篇. 1-596. 科学出版社.

万方浩,彭德良. 2010. 生物入侵：预警篇. 1-757. 科学出版社.

张国良,曹坳程,付卫东. 2010. 农业重大外来入侵生物应急防控技术指南. 1-780. 科学出版社.

徐海根,强胜. 2011. 中国外来入侵生物. 1-684. 科学出版社.

付卫东,张国良. 2012. 七种外来入侵植物的识别与防治. 1-65. 中国农业出版社.

环境保护部自然生态保护司. 2012. 中国自然环境入侵生物. 1-174. 中国环境科学出版社.

银胶菊

Parthenium hysterophorus L.

利用生物防治更为环保，效果也更为持久，但是大多数情况下需要从国外引进新的物种，可是这要冒一定的风险。为了避免重蹈覆辙，我们应当尽量发掘可用于生物防治的本土物种。

　　我记得好几年前，在很长的一段时间里，有一种批评的声音，说我国从事影视创作的人，没能创作出优质的动画片给我们的小朋友们观看。他们所有的创作灵感极度贫乏，只有《西游记》而已——这个声音在好莱坞的《功夫熊猫》大获成功的时候尤为强烈。好吧，那么我们至少还有《西游记》。对于70后的那一拨人而言，杨洁导演拍摄的《西游记》的确给他们的童年增加了许多的欢笑和快乐，六小龄童演绎的孙悟空这一角色至为经典，我认为后人实在是难以超越。

　　《西游记》中的孙悟空展现了迷人的性格和强大的能力，其中最令我印象深刻的当属七十二变和筋斗云。当初菩提祖师为了让悟空能躲过三灾利害，传授了他一般地煞数，能有七十二般变化；后来见他飞举腾云之法与众不同，便因材施教，传授了他筋斗云，一个筋斗能翻十万八千里。后来，悟空遇到诸多困难，都因了七十二变而一一化解。可惜的是，即使他有筋斗云这样的本事，却也难逃如来的手掌心。

　　读者诸君看到这里，心里或许不免疑惑：我们在这里要谈的是银胶菊，一种植物而已，与孙悟空的七十二变和筋斗云有何干系？原来，这银胶菊虽没孙大圣筋斗云的功夫，却有着与七十二变相仿的本领，着实了不起。欲知详情，请你耐心地听下官一一道来。

　　却说在与我国隔海相望的太平洋彼岸，即美洲大陆，生活着一种草本植物，它们主要分布在美国南部的得克萨斯州和墨西哥的北部地区，因为这些

孙悟空脸谱

银胶菊

银胶菊苗

地方基本上属于亚热带气候区,冬季温暖,夏季炎热,降雨量相对充沛,非常适合它们生长。这种植物当年生,当年灭,它们的种子通常在春季和早夏萌发,很快就长到0.6～1米,甚至可高达1.5米,茎粗在5毫米至1厘米之间,在4月份至10月份的整个生长期内都会开花结果,然后在当年秋天的晚些时候凋亡死去。这种一年生的植物就是银胶菊。

银胶菊*Parthenium hysterophorus* L.在分类上隶属于菊科银胶菊属,这个属除了银胶菊外,还有其他11个种,也是分布在美洲。这个属的拉丁文名称来源于希腊词parthenos,意为贞洁,因为这12个种的花都是白色的。我们按下这其余11种不表,单说银胶菊。

与满天星相似的银胶菊

银胶菊在乍看之下,很容易被误认为另一种植物——满天星,两者都是枝繁叶茂,开着许许多多的小白花,不过满天星体内没有使人过敏的化学物质。有一种简单的方法可以区分出这两种植物,银胶菊的叶子较长,达10厘米,为锯齿状;而满天星的叶片为披针形,长度只有5厘米，只要记住这点，就不太容易弄混了。2009年母亲节的时候，一位小男孩看到路边开着小白花的银胶菊，误以为是满天星，就摘了一把要送给妈妈，结果礼物还没送出去，小手却红肿发炎了。因此，请各位朋友记住了，在野外千万不要随便采撷植物的花果，以免造成人身伤害。

银胶菊的根扎于泥土之中，有一条带有很多分枝的主根，在主根上还会长出大量细的根毛。茎直立，在成熟之后，从主茎上分出许许多多的小枝条，表面具有条纹和一些柔软而短的毛。银胶菊的叶很特殊，虽然生长在同一棵植株上，但是形态殊异。它们的叶片为浅绿色，在基部形成致密的莲座状，位于主茎中部和下部的叶片二回羽状深裂，卵形或椭圆形，有羽片3～4对，小羽片卵状或长圆形，边缘常常呈锯齿状，顶端略钝，上下表面都着生毛状物，上表面的毛疏而糙，基部为疣状，下表面的毛密而软。位于主茎上部的叶没有叶柄，羽裂，裂片线状长圆形，有些边缘有齿，有些则没有。种子萌发一个月后便开花，就像其他菊科植物一样，银胶菊具有头状花序，直径在3~4毫米左右，数量甚多，在茎或分枝的顶端排列展开，呈伞房花序，花序柄长3～8毫米，表面具有粗毛。果实也跟其他菊科植物一样为瘦果，

河边的银胶菊

银胶菊

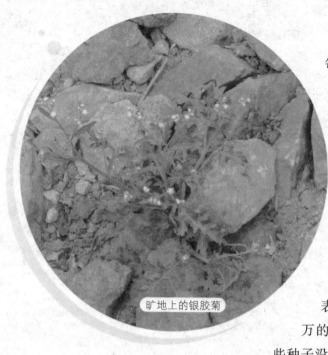
旷地上的银胶菊

每朵头状花含5粒黑色楔形的种子,长度为2毫米的样子,具有薄薄的白色小鳞片。

个体较大的银胶菊植株在它们的生长周期内,每株可以结出多达10万粒种子。由于它们连片生长,因此,在它们生长的每公顷土地表面,每年将被超过3亿4000万的银胶菊种子覆盖一次。这些种子没有休眠期,只要温度和湿度合适,就可以在任何时候萌发。其中,介于12～27℃之间的温度是其萌发的最佳条件,具有最高的萌发率。

银胶菊的种子可以通过多种途径进行传播,如水流、动物、交通工具等都可以把它们带到较远的地方。有时风也可以帮帮忙,但是传播的距离不会太远。能将它们带至最远距离的是人类社会的交通工具和洪水。由于种子没有休眠机制,因此它们需要及时地萌发,否则就会丧失萌发能力。虽然有报道声称,如果保存条件好的话,一些银胶菊种子的萌发能力可以保存20年,但是在自然界中并没有那么好的条件,最多也就是在它们的表面覆盖一些土壤。在这层土壤的厚度达到5厘米以上的情况下,有七成的种子可以存活2年左右。但是,这种情况不会很多,因此大部分的种子只能直接躺在土壤表面进行日光浴,在这种情况下,它们最多能存活6个月。

因此,虽然银胶菊每年可以产生大量的种子,但是只有少数能成功地萌发并长出具有生育能力的下一代。另外,银胶菊在墨西哥那边还有一些死敌,如一种被称为条纹叶甲的昆虫。条纹叶甲的成虫和幼虫均以银胶菊的叶子为食。幼虫在进食银胶菊的叶子10～15天后成熟,然后钻入土壤中,在地下15厘米左右的深处化蛹,8～12天后成虫再从土壤里钻出来,继续进食银胶菊,并在未来的一个月左右完成其生活周期。除了条纹叶甲,在墨西哥当地还有至少10来种昆虫取食和多种真菌感染银胶菊。因为这些天敌的存在,使得银胶菊在当地一直无法扩张。

我想,在这种情况下,银胶菊肯定郁闷极了。设身处地地想,如果到处都有人压制你,不郁闷才怪呢!银胶菊也这样,它们心里也许在嘀咕,哼,有机会我也挪挪地方。

当然,我前面已经说过,它们并没有孙大圣的筋斗云的功夫,不能想去哪就去哪。它们只有耐心地等待机会来临。功夫不负有心人,机会终于来了。

暗度陈仓

我们知道,银胶菊并不生活在与世隔绝的桃花源,它们与当地土著居民的生活关系密切,是他们的传统药材。当地居民将银胶菊熬煮出来的汤用于退烧、消炎、治疗腹泻等疾病。他们就像邻居一样,生活在彼此附近,相处得十分融洽。偶尔,动物或者风什么的会

银胶菊们终于找到了机会,
偷偷地溜出了墨西哥,走向世界

将银胶菊的种子带到人们的庄稼地里,当人们收割庄稼的时候,不经意间也会将银胶菊的种子收藏到家中。

就这样,在历史上的某一天,有几粒银胶菊的种子偷偷地混入了某位村民的谷仓里。这位村民并没有发现它们,他把农作物卖给收购粮食的商人的时候,也将这几粒种子一起卖掉了。收购粮食的商人才顾不上这许多呢,因为他收购了好多家的粮食,正忙着将它们混在一块儿,好一起运走,因此也没有发现它们。再往后,人们就再也没有机会发现它们了——它们终于找到了机会,偷偷地溜出了墨西哥,走向大千世界。

我无法在这里确切地告诉大家,这几粒种子最先到达了哪些地方,反正,等这些种子再次睁开眼睛往周围看的时候,它们已经不在墨西哥了,周围世界全是陌生的面孔,这怎能不让它们兴奋异常呢?

云南昆明西山脚下的滇池

自从工业革命以来，随着各种新式交通工具的出现，世界各地的人们联系日益密切，商业往来也日益频繁，因此，像这种种子逃跑的事件很难说只是发生了一次，也没有人能保证以后不让这种事件再次发生。就目前的结果来看，银胶菊的种子通过这种暗度陈仓的方式，先后来到了非洲、亚洲和大洋洲。据推测，它们是通过混在谷物中来到了亚洲的印度，但是来到澳大利亚则是通过混在牧草的种子中达到目的的。

　　读者朋友们看到这，可能心里就会问了：那它们到我们中国了吗？是的，如果它们没有来到中国，我也就没有写这篇文章的理由了。最早报道它们的是奥地利的植物学家韩马迪，他在1936年出版的《中国植物纪要》一书的第七卷中提到了这种植物——也是在同一卷中，韩马迪还提到了我们这套丛书中的另一种外来入侵植物——

荒地上的银胶菊

小叶冷水花,因此,韩马迪对我国植物学研究方面的贡献良多。不过,发现银胶菊的功劳还不能完全记在韩马迪一个人的头上,因为标本不是他本人采集的,这一点他自己十分清楚,因此在书中他明确标本的采集人是瑞典的植物学家Sven Johan Enander,采集时间是1926年,采集地点是云南昆明附近的西山脚下。

很有可能,云南是银胶菊来到中国的第一站。那么,问题又来了:我们知道,云南处于内陆地区,没有港口,那时也没有飞机去昆明,它们怎么会首先来到云南呢?据我推测,它们可能是取道越南而来,因为越南与云南相邻,在1924年就已经发现了这种植物。越南有漫长的海岸线和诸多港口,银胶菊极有可能在其中的一个港口登陆。

在我国的其他省份,台湾是在1985年确认已有银胶菊的分布,山东则直到2004年才确认该种的存在。科学家通过对这些地方的银胶菊的DNA进行分析后确认,它们不是来自同一批逃跑的种子。因此,种子的逃跑事件的确发生了许多次。

七十二变

对于银胶菊而言,它们走出墨西哥,就等于挣脱了各种束缚,来到了一片自由的乐土,因为这里没有了那些讨厌的甲虫和真菌,它们将在新的疆域里纵横驰骋。

当然,对于这些初来乍到的银胶菊而言,面临的困难不小。首先，它们从墨西哥逃出来的时候，并没有几粒种子，有时甚至是光杆一个，要想在新的环境中安身立命，自身的基因储备就是个大大的瓶颈。因为它们基因的多样性不足，遗传变异性低，很难克服新环境中的不利条件；其次，这些地方早已经由土著物种占领，它们已然瓜分了这些领土，哪里会有新来物种的立身之地？

　　但是面对这两个困难，银胶菊一点也不在乎，因为它们也有撒手锏。对付第一个困难的撒手锏，诸位猜猜是什么来着？对了，七十二变！各位看官不妨搬个板凳坐下来，慢慢欣赏它们的戏法。

　　戏法一，银胶菊在不同的生境条件下，植物体各构件的生物量分配比例不同。在草地和路旁，它们把资源主要分配给根，通过提高根的生物量比例来竞争地下的资源；在树林中，它们把资源优先分配给茎和叶，这样可以争夺更多的阳光，提高光合效率。

　　戏法二，银胶菊在不同的生境条件下，它们开花结实的数量不同，因此繁殖力也不同。在耕地中，银胶菊的种群密度、分枝数和头状花序数量较小，但是结实率高，种子的产量大，而且个头也大；在草地，它们的种群密度大，分枝数和头状花序数量也多，因此种子产量较高，但是种子较小；在林中，它们的植株数、分枝数和头状花序少，种子产量低，但是种子质量高，因而保证其繁殖力。

　　戏法三，银胶菊在不同的生境中会调节它们的种群密度，更加

村庄里长满了银胶菊

167

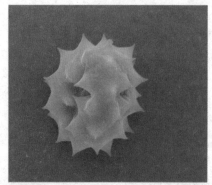

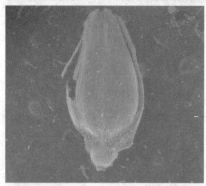

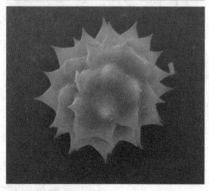

银胶菊花粉电子显微镜图

合理地利用环境资源。在耕地和疏林中，它们的种群密度较小，而在草地和公路旁边，种群密度较大。

如此等等，不一而足。就这样，银胶菊通过自身根、茎、叶、花、果实和种子之间的资源分配以及种群密度的调节，很好地解决了遗传变异性低的问题，使得它们可以在多样化的生境中繁殖生长。

银胶菊在对付第二个困难方面采取了一定的策略。首先它们选取荒地或者人为干扰较多的地方入手，先在这些地方建立根据地，然后利用化学武器与本土植物直接竞争，攻城略地。原来，银胶菊体内可产生多种化学物质，如根、茎、叶内含有银胶菊素、咖啡酸等，花中含有酚酸类、甲氧基乙酸、甘菊环烃等化学物质，这些物质在植物体腐烂后即被释放到生境中，抑制邻近植物的种子萌发、幼苗生长，这样它们就可以顺利地扩张领土了。

也许银胶菊在美洲被压抑的时间太久了，因此一旦让它们来到新的世界，它们就像从魔瓶里出来的魔鬼，没有了那些烦人的天敌存在，手里拿着两个撒手锏，很快就在新的环境中站稳了脚跟，并迅速向周围扩张，正所谓"海阔凭鱼跃，天高任鸟飞"是也。它们通常首先生长在路旁、旷地、河边、荒地等生境中，进而扩张到牧场、耕地、果园和娱乐场所，从海岸附近到海拔1500米的地方均有分布，在我国西南，它们的分布上限甚至可以达到2400米。银胶菊适宜中性土及碱性土，但是也可以在多种土壤类型下生长得很好。

试想一下,如果我们生活在一个
只有银胶菊的世界里,我们该怎么活呢?

　　我们可以用一个成语即此消彼长来形容银胶菊与土著植物之间的关系。因为前者的强势扩张,后者的生存空间受到强力压缩,有一些竞争能力差的本土植物甚至退出竞争,"玩不起,不玩了"。在银胶菊占主要地位的生境中,其他植物非常稀少或者根本就没有,致使银胶菊成了孤家寡人。这种情况不仅对土著植物不利,对当地的其他动物乃至我们人类都是非常不利的。经过长期的演化,当地的各种生物之间早已形成了一种相互依存的紧密关系,一些植物的消失会对当地动物的食物链、栖息地等方面造成重大的影响,并进而威胁到它们的生存。人类相对灵活一些,但是,试想一下,如果我们生活在一个只有银胶菊的世界里,我们该怎么活呢?总不能说,我们天天都生病,然后利用它们来退烧消炎吧?

三大罪状

　　事实上,银胶菊对人类生产生活的影响已经日益凸显出来。在有银胶菊大量生长的地方,由于它们释放出的化学物质会抑制其他植物的种子萌发和幼苗生长,降低其他植物的结实率和叶片的叶绿素含量,因此被它们入侵的耕地和牧场,产量会受到严重影响。被银胶菊肆虐的牧场,其产量减少90%,基本处于报废状态。在印度,银胶菊导致其农业损失了近40％；在埃塞俄比亚，它们导致了高粱、谷物产量剧减；在澳大利亚昆士兰州，它们入侵了17万平方千米的高质量牧场，致使该州经济损失高达220万澳元。

银胶菊的另外一些影响，对于很多人而言更是有切身的体会。它们的花粉中含有一些氨基酸，可以诱发人的皮炎、鼻炎、哮喘等多种疾病。本来大好的春光，正适合人们去野外享受大自然的时候，这些花粉却使得人们不得不窝在家里。

银胶菊虽然可以治疗某些疾病，但是我们中国人早就总结出来一条颠扑不破的真理：是药三分毒，包括银胶菊在内的所有草药概莫能外。银胶菊的药效来自于其体内的化学物质，这些化学物质照样也能引起人和家畜的过敏性皮炎。银胶菊体内的银胶菊素，在人或牲畜吸入过量后会造成肝脏及遗传病变。在澳大利亚、印度都曾出现牛羊等牲畜因大量接触银胶菊中毒死亡的案例。动物取食银胶菊后，它们的奶制品及肉制品也会受到污染，容易造成食物中毒事故。

银胶菊的这三大罪状——致使生物多样性降低、农

山羊

牧业减产、人和牲畜染病或中毒——使得它们在新世界里非但没有得到想象中的自由,反而成了过街老鼠,人人喊打,以至于入选恶草之列。目前许多国家和政府都在想方设法对它们进行控制,但是有效的方法似乎不多。

银胶菊乃一年生草本植物,它们的根系短浅,易于使用人力和简单器具直接拔除,而这也是人们最容易想到的办法。要采用这种办法清除银胶菊,应当尽可能在开花前即施予处理,这样有两个好处:一是减少其结实传播的机会,二是可降低人们呼吸道受到花粉为害的可能性。由于这种植物在大部分季节里均有不同生长阶段的植株,因此这个任务变得十分繁重。为了避免对人身造成伤害,对银胶菊实施拔除时应穿长袖衣物并佩戴手套和口罩,减少口鼻和皮肤的直接接触,并携带净水,以便在必要时冲洗脸上及手臂的花粉及腺毛,每日工作后应迅速换洗衣物。

拔除后的植株会成为一个棘手的难题。不像其他的植物,银胶菊的这些植株几乎毫无用处,既不能当饲料,也不能当肥料。将它们晒干后焚烧似乎是个不错的主意,但是必须将它们运送至垃圾场或焚化炉中集中销毁。如果就地焚烧,它们体内的化学物质会增加土

草 本 植 物

草本植物是一类植物的总称,但并不是植物科学分类中的一个单元,与草本植物相对应的概念是木本植物。人们通常将草本植物称作"草",而将木本植物称为"树",但是也偶尔有例外,比如竹,就属于草本植物,但人们经常将其看作是一种树。草本植物多数在生长季节终了时,其整体部分死亡,包括一年生和二年生的草本植物,如水稻、萝卜等。多年生草本植物的地上部分每年死去,而地下部分的根、根状茎及鳞茎等能生活多年,如天竺葵等。草本植物中有一年生、二年生和多年生的习性,有时会随地理纬度及栽培习惯的改变而变异,如小麦和大麦在秋播时为二年生草本,在春播时则成为一年生草本;又如棉花及蓖麻在江浙一带为一年生草本,而在低纬度的南方可长成多年生草本。

银胶菊

地的碱性,降低土质和肥力。恶草之所以为恶草,自有其道理,我想,这是不是也是其中之一呢?

既然机械式的拔除如此费劲,人们便想到了除草剂。目前可供使用的除草剂有草脱净、汰草灭、达有龙、灭草胺和复禄芬等萌前除草剂,在银胶菊的种子萌发之前就施用,有很好的防治效果,据说灭杀率可达到96.5%以上。对于已发芽的植株可以使用萌后除

草剂,如固杀草、嘉磷塞、巴拉刈和三氮苯类的灭必净等。在施用这些除草剂后,银胶菊的叶片逐渐枯萎直到植株死亡。但是化学防治可能会造成二次污染,尤其是在耕地和牧场等与人们的生产生活密切相关的场所,应当慎用,只有在闲置荒地和道路两侧可以酌情使用。

我们对付银胶菊的最后一招是生物防治。我们或许还记得,在

桉树林

银胶菊的老家墨西哥,有好几种昆虫和真菌把它治得服服帖帖,因此有人就想到了去那里搬救兵。澳大利亚为了遏制银胶菊,从美洲引入了包括条纹叶甲在内的11种昆虫和2种真菌,但是效果远不理想。因为这些昆虫和真菌只是取食和感染银胶菊的叶片,而对它们最主要的传播方式——花果——没有任何伤害。这些天敌取食或感染叶片后,还会引起银胶菊的补偿性生长,生长出更多的叶片来。

另外一种生物防治思路是以其人之道还治其人之身。你不是会化感作用么?那好,我也弄些具有化感作用的植物来对付你,看谁厉害。大家都知道,桉树是澳大利亚的特有树种,非常漂亮,其树叶是考拉的食物来源。但是桉树也有另一个为大家所不熟知的方面,那就是它们也可以通过分泌一些挥发性的萜烯类化合物毒害邻近的植物。这些萜烯从桉树叶片中散发出来,为土壤所吸收,可抑制植物的种子萌发和植物的细胞呼吸,减少植物的叶绿素含量,增加植物体内水分流失,周围植物因此枯萎死亡。因此,有些地方考虑利用桉树来对抗银胶菊。在北美洲和印度,科学家分别正在试验万寿菊和一种决明属的植物对银胶菊的抑制作用,据称效果不错。

利用生物防治更为环保,效果也更为持久,但是大多数情况下需要从国外引进新的物种。可是这要冒一定的风险,谁知道取的是不是真经呢?为了避免重蹈覆辙,我们应当尽量发掘可用于生物防

治的本土物种，实在是万不得已的情
况下，才能考虑引进外来物种，并在
引进之前对其进行专一性即生态
影响方面进行审慎评估。

　　银胶菊已然在我们周围扎
稳脚跟，我们在可预见的将来，
似乎无法将它们清除干净。这种
情况下，我们不妨变换一下思路，
在防止它们进一步扩大危害的前提
下，多动动脑筋，如何充分发掘它们的
潜能，为我们服务。例如，从它们的植株
中提取化学物质，作为天然的除草剂，去除农
田和牧场的杂草；用它们来修复被工业污染的土地；
把它们作为生物反应器，用于生产酶制剂；利用它们生产生物燃油，
如此等等，说不定哪天我们也许能发现一个巨大的宝藏。

（黄满荣）

万寿菊

深度阅读

李振宇，解焱. 2002. **中国外来入侵种**. 1-211. 中国林业出版社.

张国良，曹坳程，付卫东. 2010. **农业重大外来入侵生物应急防控技术指南**. 1-780. 科学出版社.

徐海根，强胜. 2011. **中国外来入侵生物**. 1-684. 科学出版社.

高兴祥，李美，谢慧等. 2012. **外来入侵植物银胶菊不同部位的化感作用**. 草业科学，29(6): 898-903.

万方浩，刘全儒，谢明. 2012. **生物入侵：中国外来入侵植物图鉴**. 1-303. 科学出版社.

付卫东，张国良. 2012. **七种外来入侵植物的识别与防治**. 1-65. 中国农业出版社.

环境保护部自然生态保护司. 2012. **中国自然环境入侵生物**. 1-174. 中国环境科学出版社.

小葵花凤头鹦鹉

Cacatua sulphurea Gmelin

无论喜欢也罢，讨厌也罢，小葵花凤头鹦鹉仍然在自由自在地生活着，不时地在人群的上空飞翔，继续地发出它们那种十分喧闹的叫声，似乎是在提醒人们：不要太自作聪明。

香港夜景

在香港飞翔

　　香港是繁华的国际化大都市,动感而时尚。作为全球重要的金融、服务和航运中心,她有"东方之珠""美食天堂"和"购物天堂"等美誉。白天,高耸林立的摩天大楼、繁忙的香港国际机场和货运码头、川流不息的人流是今日香港繁荣的真实写照。入夜,从太平山顶往下俯瞰,万家灯火如繁星般耀眼夺目,璀璨迷人的维多利亚港更是香港夜景最动人的篇章。

香港观鸟大赛

　　鲜为人知的是,香港还是观鸟的天堂。这里虽然是大都市,但并不因此而少了鸟。由于她的自然生态环境多种多样,又处在候鸟迁徙的路线上,所以许多鸟类选择这里作为自己的栖息地。在每年一度的香港观鸟大赛中，在一昼夜24小时里，最好的观鸟队伍竟然最多能记录到240种鸟，真是不可思议！

香港的观鸟点不仅有著名的米埔自然保护区、大埔自然保护区、大帽山、沙头角海岸、西贡半岛大浪湾、大屿山，以及新界的那些村落和农田等自然环境，即使是在市区公园，也值得观鸟者仔细搜寻一番。例如，九龙公园四周都是高楼大厦，一天到晚游人不断，但一年四季也有80多种鸟类或长期或短期地光顾其间。

香港还有一个特点，就是花鸟市场的贸易十分发达，因此有不少鸟儿被放生或逃逸，使一些观赏鸟在当地逐渐形成野化种群，如鹩哥、家八哥、黄胸织布鸟等，还有种类繁多的鹦鹉。其中，在原产地已难觅其踪的小葵花凤头鹦鹉，却在香港市区内的香港公园、薄扶林、跑马地、辋井、西贡和海洋公园等地，以及街道两旁的树丛中频频出没。它们大摇大摆地在这个大都市中的观赏树上胡作非为，几乎泛滥成灾。

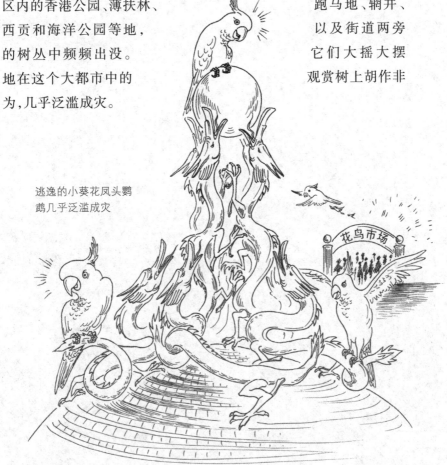

逃逸的小葵花凤头鹦鹉几乎泛滥成灾

特点鲜明的类群

在形形色色的鸟类中，鹦鹉是一个特殊的类群，在全世界共有300多种。

对于非专业人员来说，区分鸟类的类群并不是一件容易的事，但鹦鹉类却是一个例外。它们都有十分相近的共同的特殊形态，并且高度特化。虽然它们的大小彼此相差很大，如体形最小的棕脸侏

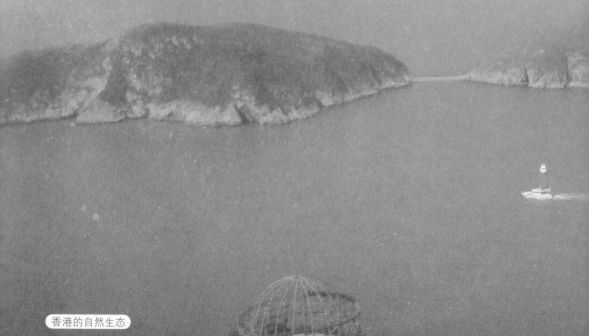

鹦鹉的体长仅为8.4厘米,而体形最大的紫蓝金刚鹦鹉的体长为100厘米以上,但它们的结构和体态却非常近似,不易误认。甚至可以说,在鸟类中没有任何其他一个类群能够像鹦鹉一样,具有如此轮廓鲜明的特点,尤其是它们弯曲的上嘴,足以与其他鸟类相区别。

小葵花凤头鹦鹉

猛禽的嘴和爪

鹦鹉的嘴看上去的确刚猛有力,似乎与猛禽类的嘴形有些相似。因此,在早期的分类中,有人也曾把鹦鹉归并于猛禽类,与鹰、雕、隼、鸮等鸟类为伍。但是,鹦鹉的脚却与猛禽3前1后的形态完全不同。它们的脚虽然也是4趾,但却是前后各有2趾,即2、3两趾向前,1、4两趾向后,这样的形态称为对趾型,而拥有对趾型脚的鸟类都属于攀禽类,如啄木鸟、杜鹃和生活在南美洲的巨嘴鸟(䴕鴷)等。这样的脚不仅适于在树上攀援,而且还能用来整理羽毛、递送食物甚至刺戳东西等,但不适于在地面上行走。

现生的鹦鹉都是在热带、亚热带地区生活的物种,原产地主要是南半球的澳大利亚、太平洋岛屿、非洲和南美洲一带;北半球较为少见,主要分布在中美洲、加勒比海地区、东南亚和南亚等地。

鹦鹉的人工饲养可以追溯到很早以前。据史料记载,产于北部非洲的红领绿鹦鹉被引入古埃及之

香港海洋公园

182

后，便揭开了鹦鹉人工饲养、繁殖的序幕。当时的贵族阶层以拥有和谈论鹦鹉作为其地位和财富的象征。后来，有一位宫廷医生曾相当详细地记录了棕榈凤头鹦鹉的特点、习性及饲养情况，并用浪漫的语言记述了其"说话"的能力：不仅能讲其母语——印度语，而且也能学说希腊语。另外，据说亚历山大鹦鹉最初就是被亚历山大皇帝从远东引入欧洲并驯化的，所以至今仍以他的名字命名。随着航海探险的开始，十五六世纪以后，又有大量的鹦鹉种类被带入欧洲并从此开始了笼鸟贸易。

巨嘴鸟

19世纪时，英国妇女流行以鹦鹉羽毛为头饰。为此，每年都有大批的野生鹦鹉被人类猎杀，或捕捉后在运输途中死亡。后来，虽然欧洲妇女不再用羽毛装饰帽子，但又出

啄木鸟　蕉鹃

林黛玉

现了新的羽毛贸易,很多地方将鹦鹉以及太阳鸟、翠鸟等鸟类的闪光羽毛粘贴成图画,作为装饰品及旅游纪念品出售。

达官贵人的宠儿

鹦鹉在我国古籍中,又称为鹦姆、鹦哥或鹦鹆等。在战国时期(公元前475~前221年)成书的《礼记·曲礼上》中,就有"鹦鹉能言,不离飞鸟"的记载。另外,在各种古籍,府志、县志等地方志,以及诗词歌赋中,关于鹦鹉的记载甚多,不胜枚举。一直以来,鹦鹉是人们喜爱的宠物,它们体态优美,以及经驯养后可模仿人语和表演技艺,成为达官贵人作为炫耀门第的一个象征。

我国饲养鹦鹉和驯练鹦鹉学话的历史同样非常悠久,在《山海经》卷二之"西山经"中就有"又西百八十里,曰黄山,无草木,多竹箭。盼水出焉,西流注于赤水,其中多玉。……有鸟焉,其状如鸮,青羽赤喙,人舌能言,名曰鹦鹉"的记载。唐朝诗人咏鹦鹉的诗句更多,其中最有名的是朱庆余所作的《宫中词》:"寂寂花时闭院门,美人相并立琼轩。含情欲说宫中事，鹦鹉前头不敢言。"这是描写宫女们害怕在鹦鹉面前说出心事，如果被能说会道的鹦鹉泄露，就会祸及其身，表达了被禁锢在深宫之内的宫女们愤懑的心情。古典名著《红楼梦》第三十五回中，更有几段十分有趣的描写："……那鹦哥又飞上架去，便叫'雪雁，快掀帘子，姑娘来了！'""……那鹦哥便长叹一声，竟大似黛玉素日吁嗟音韵，接着念道：'侬今葬花人笑痴，他年葬侬知是谁？'"

唐明皇

杨贵妃

在唐朝郑处诲所著的《明皇杂录》中还有一个传说，唐朝开元年间，岭南有人献给唐明皇一只羽毛洁白的鹦鹉，聪明绝顶，唐明皇让杨贵妃教它念佛经中的《多心经》，它竟能记诵精熟，因而深受皇帝和贵妃的宠爱，取名"雪衣"，又叫它"白娘子"，将它饲养在金丝笼里，当作掌上明珠。

"雪衣"不仅洞晓言辞，而且乖巧过人。每当唐明皇与贵妃、大臣们对弈，它总是侍立在一旁仔细观瞧。一旦唐明皇稍呈输势，便会叫一声"雪衣"，它马上心领神会，立即飞到棋枰中间，翩翩起舞，把棋子搅得乱七八糟，还用喙啄妃子、大臣们的手，使棋无法再弈下去，这样就避免了皇帝输给妃子或臣子的难堪。

后来有一天，唐明皇和杨贵妃在园中游玩，看见了"雪衣"，就对它开玩笑说："你若能作偈语求解脱，便放你出笼去自由飞翔。"不料雪衣却吟咏了一首诗："憔

防治外来物种入侵的方法

外来物种入侵的防治需要长期坚持"预防为主，综合防治"的方针，要科学、谨慎地对待外来物种的引入，同时保护好本地生态环境，减少人为干扰。在加强检疫和疫情监测的同时，把人工防治、机械防治、农业防治（生物替代法）、化学防治、生物防治等技术措施有机结合起来，控制其扩散速度，从而把其危害控制在最低水平。

人工或机械防治是适时采用人工或机械进行砍除、挖除、捕捞或捕捉等。农业防治是利用翻地等农业方法进行防治，或利用本地物种取代外来入侵物种。化学防治是用化学药剂处理，如用除草剂等杀死外来入侵植物。生物防治是通过引进病原体、昆虫等天敌来控制外来入侵物种，因其具有专一性强、持续时间长、对作物无毒副作用等优点，因此是一种最有希望的方法，越来越引起人们的重视。

悴秋翎似秃衿，别来陇树岁时深。开笼若放雪衣女，常念南无观世音。"唐明皇和杨贵妃听了，十分伤感，只好打开笼门，将其放飞了。

我国本土所产的鹦鹉种类不多，仅有7种，其中没有一种是白色的。因此，唐明皇和杨贵妃宠爱的那只鹦鹉应该不是产自我国的种类，而是产自外国的鹦鹉。那么，它是不是本文开头提到的小葵花凤头鹦鹉呢？

会"开花"的鹦鹉

小葵花凤头鹦鹉 *Cacatua sulphurea* Gmelin 也叫小巴丹鹦鹉、小巴等，是鹦形目凤头鹦鹉科凤头鹦鹉属的鸟类，两性羽色相似，体长为35厘米左右。体羽主要为白色，眼周有裸露的蓝色皮肤，耳羽、喉部以及脸颊的羽毛浸染浅黄色。喙为黑色，脚为灰色。尤为奇特的是，它的头顶具有长形的、可以伸缩的黄色凤头冠羽，耸立时呈扇状，就像一朵盛开的葵花。冠羽在不打开时，会在脑后形成一个微翘的"辫子"。

和其他鹦鹉一样，小葵花凤头鹦鹉也属于留鸟。它们喜欢栖息于各种林地、农田附近，以及城市公园中，大多以小群集聚，有时也集合成大群，或者与其他鹦鹉混群活动，常常发出巨大的叫声，非常嘈

小葵花凤头鹦鹉

小葵花凤头鹦鹉

杂,尤其在清晨和傍晚。

它们的翅膀较长,稍呈尖形,飞行有力,但略显沉重,也难于坚持长距离的飞行。停歇时,它们的"凤头"不断地起伏,所以很容易识别。它们的食物包括各种植物的种子、浆果、坚果、水果、嫩芽、花朵,以及昆虫等小型动物。当然,如果遇到可口的农作物,它们自然不会放过"大快朵颐"的机会。取食时,它们常用脚抓住食物后再用嘴吞食。有趣的是,它们有的擅长使用左脚,有的却擅长使用右脚,而且多数都是"左撇子"。

小葵花凤头鹦鹉是"一夫一妻"制,求偶时的仪式比较简单,通常由一些简单动作组成,如低头躬、翅下垂、翅抖动、抬脚、尾上下抖动、相互交嘴亲昵、互相理羽等,其"华彩乐章"当然还是冠羽不断开合的动作。它们的巢大多是利用天然洞穴稍加工而成,一般不自己挖洞筑巢。每窝通常产2～3枚卵,由雌雄鸟轮流孵卵,孵化期约28天。雏鸟依靠亲鸟从嗉囊中吐出半消化的食物喂养。10周后幼鸟羽毛长成,但仍会依赖亲鸟,会在一起生活大约2个月左右。小葵花凤头鹦鹉是一种寿命比较长的动物,在人工喂养条件下,可以活到40岁以上。

小葵花凤头鹦鹉是很普遍的宠物鸟,也是最常见的走私鹦鹉之一。它的原产地主要是印度尼西亚境内的东摩鹿加群岛、新几内亚、国王岛、艾鲁岛等许多岛屿上。不过,由于过度捕捉销售至宠物鸟市场,以及严重的栖息地破坏,它们在原产地的数量已经锐减。令人意想不到的是,香港却繁衍出目前世界上最大的小葵花凤头鹦鹉野化种群。

小葵花凤头鹦鹉的脚趾——2前2后

非洲灰鹦鹉

制造噪声的害鸟

人们之所以喜爱驯养鹦鹉，除了欣赏它们优美的体态之外，训练它们模仿人语也是一个重要的原因。

在鹦鹉中，善于学舌的种类有非洲灰鹦鹉、大紫胸鹦鹉等，这与它们的发声器官——鸣管的结构有关。这些鹦鹉的鸣管比较完善，有4～5对鸣肌，在神经系统的控制下可以发出鸣声。此外，它们的舌

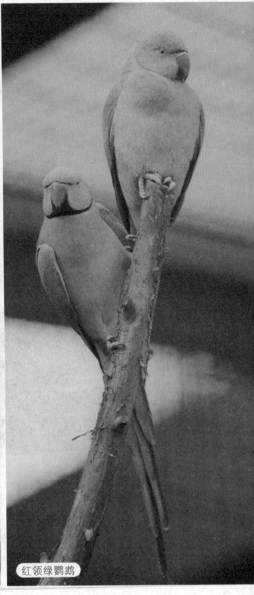

亚历山大鹦鹉　红领绿鹦鹉

头特别肥厚，前端呈圆形，犹如人舌，学"说话"时较为灵活，所以能模仿人语，有些聪明的个体经过训练后，甚至可以背诵简短的诗歌。

不过，小葵花凤头鹦鹉虽然叫声很大，语言能力却一般。不仅如此，它响亮沙哑的刺耳叫声甚至成了它最大的缺点。诺贝尔奖得主、著名动物行为学家康拉德·劳仑兹在他的著作《所罗门王的指环》里这样形容它的叫声："听过土法杀猪的声音吗？把这种声音再用扩音机放大几倍，那就是这种鹦鹉发出的叫声。"

小葵花凤头鹦鹉的骨骼

事实上，小葵花凤头鹦鹉的叫声，是它在进化过程中自然形成的，是它们与同伴进行联络的一种方式。

在人工饲养条件下，如果感到孤独，它们也会用这样的叫声来吸引主人的注意。不过，当这种叫声成为城市中的一种噪声来源时，就引来了大众的抱怨。即使是那些喜爱小葵花凤头鹦鹉的人，也会时常抱怨他们所宠爱的鸟儿嗓门太大了。

此外，小葵花凤头鹦鹉还有一个缺点，就是身体上会产生很多白色粉末状的羽屑。这本来是它们保持身体洁净的手段之一，不幸的是，这些羽屑有时会令接触它们的人皮肤过敏，甚至引发呼吸道疾病，因此也成了威胁人类健康的一个大问题。

如果上述两点还不足以反映它的危害的话，那么，它对于观赏树木以及农作物的严重破坏行为，则不折不扣地使它进入了"害鸟"的名单。

前面讲过，鹦鹉都具有同样的独特嘴形。这是一种角质的短喙，粗厚而强壮，上嘴呈圆形，向下勾曲，并且覆盖下嘴，内面有锉状的密棱，两侧的边缘内面还有细小的突起和缺刻。嘴的基部具有蜡膜。由于颌骨、鼻骨等上嘴基部的骨块较为柔软，使上嘴与头骨的相连处形成可动关节，犹如绞链一样，能上下左右自如活动，张开的幅度也比较大，再加上颌肌非常有力，所以鹦鹉的啃咬力很强。

了解了鹦鹉嘴的结构之后,它们对城市观赏树木以及各种农作物的破坏力有多大,也就可想而知了。

　　关于香港出现的小葵花凤头鹦鹉种群的来历有很多说法,其中最主要的一个说法是:在20世纪30～40年代担任香港总督的英国人杨慕琦,曾经豢养了一些奇特的宠物鸟,其中就包括一些小葵花凤头鹦鹉。在夏威夷当地时间1941年12月7日上午8时,日本偷袭了美国珍珠港海军基地,太平洋战争爆发。此后不足8小时,日本便开始进攻香港的英军,经过短暂的抵抗之后,港督杨慕琦成了日军的俘虏,而他豢养的小葵花凤头鹦鹉等鸟类却在香港沦陷前被释放出来。1945年8月,日本宣布投降,被囚于沈阳集中营的杨慕琦也官复原职,但这些小葵花凤头鹦鹉却没能再回到他的鸟笼中,而是逐渐形成了一个越来越繁盛的野生种群。

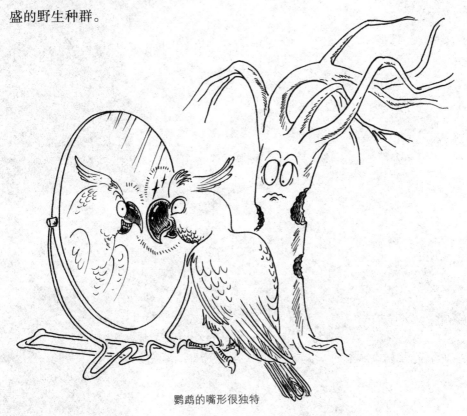

鹦鹉的嘴形很独特

小葵花凤头鹦鹉

日本投降

　　貌似强大的日本侵略者,已经遭到了彻底的失败,被钉在了历史的耻辱柱上。但是,半个多世纪以来,香港的那些外来入侵鸟类,不仅通过繁殖竞争、取食竞争,来排挤本地鸟类,也通过自身携带的病毒对那些不具免疫力的本地鸟类进行毁灭性的打击。

　　无论喜欢也好,讨厌也罢,小葵花凤头鹦鹉仍然在香港的各种环境中自由自在地生活着。它们不时地在人群的上空飞翔,发出十分喧闹的叫声,似乎是在提醒人们:这里是我的天下!

（张昌盛）

深度阅读

汪松,谢彼德. 2001. 保护中国的生物多样性(二) 1-233. 中国环境科学出版社.

解焱. 2008. 生物入侵与中国生态安全. 1-696. 河北科学技术出版社.

徐海根,强胜. 2011. 中国外来入侵生物. 1-684. 科学出版社.

摄影者

李湘涛　杨红珍　李　竹　徐景先　黄满荣

杨　静　倪永明　张昌盛　毕海燕　夏晓飞

殷学波　王　莹　韩蒙燕　刘海明　刘　昭

刘全儒　黄珍友　张桂芬　张词祖　张　斌

梁智生　黄焕华　黄国华　王国全　王竹红

黄罗卿　杜　洋　王源超　叶文武　王　旭

杨　钤　蔡瑞娜　刘小侠　徐　进　杨　青

李秀玲　徐晔春　华国军　赵良成　谢　磊

王　辰　丁　凡　周忠实　刘　彪　年　磊

于　雷　赵　琦　庄晓颇